U0314557

基于煤与瓦斯共采的无风掘进
瓦斯与氧气阻隔机理研究

付明明　张英华　李甲亮　著

北　京

冶 金 工 业 出 版 社

2017

内 容 提 要

本书主要论述了在无风环境中进行瓦斯煤层作业的新型掘进系统，阐述了在无风掘进巷道通过氮气幕和抽采系统对瓦斯进行控制，在绕道巷内通过风门及氮气幕协同作用对氧气进行控制，达到两者不共存于同一个区域的目的，实现根除瓦斯爆炸的目标。

本书可供矿山安全设计人员、工程技术人员以及矿山安全管理人员阅读，也可供高等学校相关专业师生参考。

图书在版编目（CIP）数据

基于煤与瓦斯共采的无风掘进瓦斯与氧气阻隔机理研究
/付明明，张英华，李甲亮著. —北京：冶金工业出版社，
2017. 10

ISBN 978-7-5024-7566-6

Ⅰ.①基… Ⅱ.①付… ②张… ③李… Ⅲ.①瓦斯
煤层—巷道掘进—研究 Ⅳ.①TD263.4

中国版本图书馆 CIP 数据核字（2017）第 173119 号

出 版 人 谭学余
地 址 北京市东城区嵩祝院北巷 39 号 邮编 100009 电话 (010)64027926
网 址 www.cnmip.com.cn 电子信箱 yjcbs@cnmip.com.cn
责任编辑 宋 良 美术编辑 吕欣童 版式设计 孙跃红
责任校对 郑 娟 责任印制 牛晓波
ISBN 978-7-5024-7566-6
冶金工业出版社出版发行；各地新华书店经销；固安华明印业有限公司印刷
2017 年 10 月第 1 版，2017 年 10 月第 1 次印刷
169mm×239mm；7.5 印张；144 千字；110 页
35.00 元
冶金工业出版社 投稿电话 (010)64027932 投稿信箱 tougao@cnmip.com.cn
冶金工业出版社营销中心 电话 (010)64044283 传真 (010)64027893
冶金书店 地址 北京市东四西大街 46 号(100010) 电话 (010)65289081(兼传真)
冶金工业出版社天猫旗舰店 yjgycbs.tmall.com
（本书如有印装质量问题，本社营销中心负责退换）

前　言

<<<<<<<<<<<<<<<<<<<<<<<<<<<<<<<<<<<<<<<<<<<<<<<<<<<<<<<<<<<<<<<<<<

　　煤矿生产中瓦斯灾害现象严重，目前的防治理论与技术尚无法完全根除瓦斯事故，瓦斯超限及爆炸现象时有发生。本书基于周世宁院士提出的高瓦斯煤层密闭空间煤与瓦斯共采的理论，构建了集中巷通风、掘进巷不通风的新型无风掘进系统模型，分析了无风掘进的巷道布置、煤料运输、人员安全及舒适性保障、瓦斯抽采、瓦斯与氧气阻隔等子系统，研究了无风掘进的优缺点及可行性。实现无风掘进，关键在于将瓦斯与氧气有效阻隔，为此分别对瓦斯和氧气的阻隔机理进行研究。

　　瓦斯控制主要在于明确瓦斯空间浓度分布与涌出量、抽采量、泄漏量、氮气幕阻隔速度之间的关系。考虑到工作面推进过程中煤壁及煤块瓦斯放散总时间不同这一因素，通过微元积分再求和的方式，推导出了一个作业循环中瓦斯涌出总量的表达式；建立了泄漏瓦斯输运动力学模型，得出了在涌出量、抽采量、浮力及黏性阻力等多因素影响下的瓦斯连续输运规律、动量及能量控制方程；通过菲克定律及高斯烟团模型经傅里叶变换推导出了瓦斯浓度的时空分布规律；根据射流卷吸作用，得出了氮气幕阻隔速度与瓦斯浓度的关系式。针对瓦斯输运规律，提出了风门硬阻挡-抽采动态调压-氮气幕软阻隔三者联动控制瓦斯的方法。通过相似模拟和数值分析，研究了上述四种变量对瓦斯运移规律的影响；验证了风门开启与关闭状态下，瓦斯阻隔装置与控制方法的有效性。

　　氧气阻隔分为风门开启与关闭两种状态进行研究。风门开启状态下氧气控制方法与瓦斯相似，预先启动氮气幕，等量驱替风门开启所扰动范围内的氧气，保证风门开启过程中涡流场内的气体为氮气；同时启动正压区内的氮气幕，利用正压法阻隔氧气进入掘进巷。风门关闭时，根据伯努利方程，推导出阻隔氧气时各区间的气体压力关系，利用压差作用，保证只存在由氮气正压区向集中巷的单向流动，以此实现对氧气的阻隔。建立了相似模拟和数值分析模型，验证了绕道巷氧阻隔机制的有效性。

在无风掘进模型中，采用风门、抽采、氮气幕动态调节的方法，可以实现瓦斯和氧气的有效阻隔，为无风掘进工艺的实施提供了理论与实验依据。

本书在编写过程中，得到了北京科技大学张英华教授的悉心指导；黄志安副教授、高玉坤老师、贺帅博士、严屹然博士、周佩玲博士、肖善林硕士给予了热情帮助，在理论推导、实验室实验和数值模拟过程中，他们都做了有益的工作。本书的出版，得到了滨洲学院的资助。在此一并致谢！

限于作者的水平，书中若有不当之处，诚请读者批评指正！

作　者

2017 年 5 月

目　　录

1 引言 ……………………………………………………………………… 1

2 无风掘进系统结构模型的建立 ……………………………………… 2
2.1 无风掘进系统模型 ………………………………………………… 3
2.2 无风掘进各子系统分析 …………………………………………… 4
2.2.1 无风掘进巷道布置及煤料运输 ……………………………… 4
2.2.2 无风掘进人员呼吸供给 ……………………………………… 4
2.2.3 无风掘进环境舒适性保障 …………………………………… 5
2.2.4 无风掘进瓦斯抽采 …………………………………………… 6
2.2.5 无风掘进气体监测监控 ……………………………………… 6
2.2.6 无风掘进气体阻隔系统 ……………………………………… 6
2.3 无风掘进优缺点分析 ……………………………………………… 10
2.4 无风掘进与传统掘进的经济比较 ………………………………… 11
2.5 本章小结 …………………………………………………………… 13

3 无风掘进瓦斯与氧气阻隔机理研究 ……………………………… 14
3.1 无风掘进巷瓦斯涌出模型 ………………………………………… 14
3.1.1 壁面瓦斯涌出量积分解算 …………………………………… 15
3.1.2 散落煤块瓦斯涌出量积分解算 ……………………………… 17
3.2 无风掘进巷瓦斯流动运移规律研究 ……………………………… 18
3.2.1 无风掘进巷瓦斯连续输运规律 ……………………………… 19
3.2.2 无风掘进巷瓦斯输运动量规律 ……………………………… 22
3.2.3 无风掘进巷瓦斯输运的伯努利控制方程 …………………… 26
3.2.4 无风巷内混合场的组分方程 ………………………………… 31
3.3 无风掘进巷瓦斯扩散运移规律研究 ……………………………… 32
3.3.1 基于菲克定律及高斯烟团模型的缝隙线源扩散规律 ……… 32
3.3.2 基于菲克定律及高斯烟团模型的胶带口面源扩散规律 …… 34
3.4 煤块空隙、衰减放散及胶带引流对瓦斯输运的影响 …………… 36
3.4.1 煤块空隙瓦斯泄漏规律 ……………………………………… 36

　　3.4.2　煤块衰减放散瓦斯泄漏规律 ·· 37

　　3.4.3　胶带引流瓦斯泄漏规律 ·· 37

　3.5　无风掘进巷瓦斯阻隔调控 ·· 38

　　3.5.1　联动调控阻隔瓦斯 ·· 38

　　3.5.2　氮气幕射流卷吸阻隔瓦斯 ·· 39

　3.6　绕道巷氧气阻隔机理研究 ·· 40

　　3.6.1　风门开启状态下氧气阻隔模型 ·· 40

　　3.6.2　风门关闭状态下氧气阻隔模型 ·· 42

　3.7　本章小结 ··· 44

4　无风掘进抽采–氮气幕联动控制气体相似模拟研究 ·················· 45

　4.1　相似性验证 ·· 45

　　4.1.1　几何相似 ·· 45

　　4.1.2　运动相似 ·· 46

　　4.1.3　动力相似 ·· 46

　4.2　实验设计 ··· 50

　　4.2.1　模型搭建 ·· 50

　　4.2.2　实验设备 ·· 51

　　4.2.3　实验步骤 ·· 52

　4.3　无风掘进巷瓦斯阻隔规律研究 ··· 54

　　4.3.1　实验台气密性验证 ··· 54

　　4.3.2　涌出量对瓦斯运移的影响研究 ··· 54

　　4.3.3　抽采量对瓦斯运移的影响研究 ··· 61

　　4.3.4　氮气幕阻隔效果研究 ·· 63

　4.4　绕道巷阻隔氧气的实验研究 ·· 66

　4.5　本章小结 ··· 68

5　无风掘进抽采–氮气幕联动控制瓦斯与氧气数值分析 ·············· 69

　5.1　无风掘进巷气体运移控制方程 ··· 69

　5.2　模型构建及边界条件设置 ·· 70

　　5.2.1　模型构建 ·· 70

　　5.2.2　边界条件设置 ··· 71

　5.3　流动及扩散模型数值分析 ·· 72

　　5.3.1　高浓度瓦斯区形成过程分析 ·· 72

　　5.3.2　压力失衡瞬间气体流动规律 ·· 73

　　5.3.3　氮气与瓦斯自由扩散规律 ……………………………… 75
　5.4　瓦斯运移规律的多因素耦合研究 …………………………… 75
　　5.4.1　涌出量对瓦斯运移规律的影响研究 ……………………… 75
　　5.4.2　抽采量对瓦斯运移规律的影响研究 ……………………… 83
　　5.4.3　氮气幕阻隔瓦斯运移规律的研究 ………………………… 91
　　5.4.4　风门开启过程中瓦斯流场的变化规律 …………………… 94
　5.5　氧气阻隔数值分析 …………………………………………… 97
　　5.5.1　风门开启过程氧气阻隔 …………………………………… 98
　　5.5.2　风门关闭状态氧气阻隔 …………………………………… 98
　5.6　本章小结 ……………………………………………………… 101

6　结论及展望 ……………………………………………………… 103
　6.1　主要结论 ……………………………………………………… 103
　6.2　展望 …………………………………………………………… 104

附录 ………………………………………………………………… 105
　附录 A　相似模拟涌出量为 3L/min 时的动态监测部分数据表 ………… 105
　附录 B　氮气幕阻隔的调节命令 ………………………………… 107

参考文献 …………………………………………………………… 109

1 引 言

<<<<<<<<<<<<<<<<<<<<<<<<<<<<<<<<<<<<<<<<<<<<<<<<<<<<<

  周世宁院士2001年在《高瓦斯煤层开采的新思路及待研究的主要问题》[1]一文中提出了在密闭空间中实现煤与瓦斯共采的新思路；2000年于《创新思维在工程中的应用》[2]中提出了在工程中应大力提倡创新，指出了创新思维的重要意义以及创新者应该具备的创新素质；2006年于《煤与瓦斯共采理论及在乌兰矿的应用》[3]中，指出煤与瓦斯共采的基本理论并分析了其必要性及可行性。这些研究为高瓦斯煤层新形势下的创新型作业指明了方向。

  我国属于能源依赖型国家，煤炭在能源消费结构中所占的比重一直较大，2016年煤炭占58%左右，预计到2050年仍将占50%以上。在煤矿生产过程中，伴随着诸多灾害事故，其中瓦斯灾害事故居于首位，掘进过程中经常发生瓦斯超限及瓦斯爆炸等事故。根据国家安全生产监督管理总局事故查询网站的数据显示，自2000年1月1日至2016年7月，共计发生瓦斯爆炸970起，死亡8873人。随着国家监管力度的加大和各项保障措施的进一步完善，在2010年1月~2016年12月，共计发生瓦斯爆炸100起，死亡829人[4]。瓦斯爆炸事故虽然大量减少，但仍然有人员伤亡。这说明，煤矿瓦斯的治理依然存在多种问题，现有的"四位一体"措施没有完全消除瓦斯隐患。

  因此，应该结合周世宁院士的创新思维，沿着周世宁院士提出的煤与瓦斯共采的新思路，研究新型生产方式和工艺，从根本上解决瓦斯超限和爆炸的问题，实现安全高效快速掘进作业。

  本书所述的无风掘进就是基于周院士煤与瓦斯共采的新思路提出的。无风掘进是在集中巷内通风、掘进巷内不通风的新型作业方式。这种作业方式彻底消除了掘进巷内需氧灾害发生的必要条件，既可以杜绝瓦斯燃烧和爆炸等灾害事故的发生，又可以将瓦斯充分利用。

2 无风掘进系统结构模型的建立

<<<<<<<<<<<<<<<<<<<<<<<<<<<<<<<<<<<<<<<<<<<<<<<<<<<<<<<<<<<<

周世宁院士、林柏泉教授、李增华教授在 2001 年《高瓦斯煤层开采的新思路及待研究的主要问题》[1]中提出了高瓦斯煤层开采的新思路，即在一个既能密闭又可以开放的空间中，实现煤与瓦斯的同采。采煤作业时瓦斯涌出量很大，回采工作面上下顺槽密闭，形成密闭环境，保持瓦斯浓度在 30%以上，使其完全处于不能产生爆炸的范围，通过抽采管将大量瓦斯抽采利用。当工作面出现事故必须停采处理时，打开工作面上下巷道的风门，恢复通风。通过这种方式，达到高瓦斯煤层安全、高效、经济的回采目的。

提出这一理念后，周院士又提出了实现该项新型密闭环境无风作业需要研究的问题[1]：（1）进行理论分析，理论验证密闭环境作业的可行性，以及分析比较密闭环境作业系统和现有采掘系统的经济成本。（2）重新设计采掘系统的巷道布置。（3）在工作面的上下顺槽中增添柔性气动快速密闭装置以及气幕形式的软阻隔密封装置。（4）密闭空间内的气体压力要合理，能实现密闭环境中瓦斯涌出和抽采的动态平衡。（5）解决好密闭空间内人员新陈代谢所需要吸入的新鲜氧气以及呼出气中氧的回收问题。（6）做好安全保障，有可靠的应急救援系统。（7）要有灵敏准确的瓦斯浓度指标监测、传输系统，便于随时掌握一线情况，及时有效地处理突发状况。

在周院士提出的煤与瓦斯共采新思路的基础上，本书提出了更为具体的掘进构想——无风掘进。该项技术在掘进巷内形成无氧环境，从根源上消除需氧灾害的发生，杜绝瓦斯燃烧、爆炸等事故。

无风掘进若能很好地解决掘进过程中瓦斯超限和爆炸问题，将彻底改变高瓦斯煤层的掘进工艺，高瓦斯矿井都将应用这种新型掘进工艺，实现本安、高效、绿色的掘进作业，从而取得较大的经济和社会效益：

（1）经济效益。减少因瓦斯浓度超限停产所耗费的时间，可大大提高掘进速度，使得回采面早日贯通，为煤矿企业增加效益。

（2）社会效益。该项技术如应用成功，不仅会改变某一煤矿的效益，还能够推进高瓦斯矿井掘进技术的新发展。

（3）环境效益。减少向大气中的乏风排放，减轻对大气的污染。在周世宁院士提出的密闭空间煤与瓦斯共采新思路的基础上，针对高瓦斯煤层，本书构建了无风掘进系统模型，并对该模型的各子系统进行了新型设计，分析了其优缺点及可行性。

2.1 无风掘进系统模型

无风掘进是指在集中轨道巷内正常通风,在掘进巷内不通风的新型作业方式。无风掘进巷采用绕道联通轨道集中巷,实现辅助运输;通过溜煤眼联通运输集中巷,实现煤炭运输;采用压风管和沿程设置的空气加压泵向工作人员自身携带的正压式空气呼吸器供氧,实现无风环境中的人员呼吸;采用抽采管路将掘进作业过程中涌出的瓦斯抽采利用;通过风门、抽采、氮气幕实现对无风掘进巷内气体的控制。模型示意图如图 2-1、图 2-2 所示。

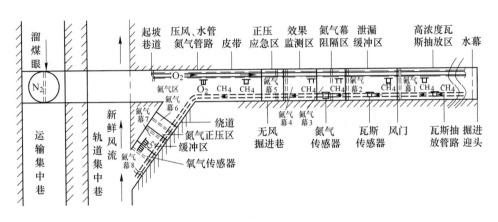

图 2-1 无风掘进系统平面示意图

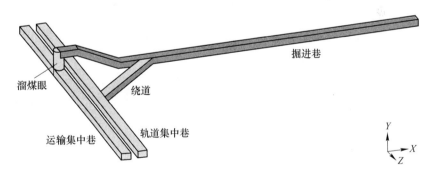

图 2-2 无风掘进系统空间示意图

无风掘进模型中氮气幕按照用途分为两类,第一类氮气幕在生产过程中长时间小流量开启,保证所在区域处于正压状态,例如图 2-1 中第 3、5、6 道氮气幕;第二类氮气幕在风门开启或瓦斯涌出异常增大时启动,用于阻隔气体运移,例如图 2-1 中第 1、2、4、6、7、8 道氮气幕。

在溜煤眼上方设置密封盖(运煤时开启)、水幕及氮气幕,防止氧气在溜煤过程中进入掘进巷。

2.2 无风掘进各子系统分析

2.2.1 无风掘进巷道布置及煤料运输

（1）巷道布置：无风掘进巷道布置方式与传统巷道布置略有不同，传统的掘进工艺中，掘进巷与两条集中巷在同一水平高度直接相通，而无风掘进巷通过一段水平绕道巷与轨道集中巷相连，通过溜煤眼与运输集中巷相连。在无风掘进巷道口处起坡，抬高巷口标高，掘进至运输集中巷正上方后，开掘溜煤眼与运输集中巷垂直联通。

（2）掘进系统：掘进系统结合葛世荣[5~7]教授"973"项目"深部危险煤层无人采掘装备关键基础研究"的相关研究成果及无人工作面成熟的远程操作经验，采用先进的掘进技术，确保人员在安全区域进行遥控操作，实现掘锚一体快速高效成巷。

（3）运输系统：由于阻隔气体的需要，在绕道巷及掘进巷内设置了多组风门。物料经由这些风门运送至掘进工作面，掘进工作面产出的煤经由胶带连续运送至溜煤眼，通过溜煤眼溜入运输集中巷。

2.2.2 无风掘进人员呼吸供给

无风掘进巷内作业人员新陈代谢所需的氧气，由沿掘进巷布设的压风管路及供氧分站（其中一部分供氧站布置在临时避难硐室），配合人员自身佩戴的便携长时正压空气呼吸器来提供，如图2-3所示[8]。

正压空气呼吸器技术成熟且应用较为普遍。其采用的新型安全减压阀，供气压力稳定，背带

图 2-3　正压空气呼吸器

防静电、阻燃、反光材料，柔软耐磨，使用安全；吸入气体与呼出气体通路分离，呼出气体进行回收处理，完全适用无风掘进作业。

根据国家颁布的《体力劳动分级》标准，无风掘进巷内的工人劳动强度属于重体力劳动，所需耗氧量最大值一般是 $1.8\sim2.4L/min$。该呼吸器在满足最大耗氧量要求的前提下，一次可使用 3 小时。当供氧装置内的氧气浓度低于安全阈值时，便发出低限报警，提醒作业人员到邻近供氧站充氧。

在掘进巷内布设有压风管路，该管路随着掘进作业的推进不断延长。掘进过

程中始终保持压风管端头位置与掘进工作面的距离小于15m。沿着压风管路，每间隔30m设置一处供氧站，压风管路在供氧站位置联通加压泵，其可以与人体正压呼吸器供氧装置进行密闭对接，为其补充氧气。另外，在供氧站设有人员急救呼吸器，保障意外发生时，能够向人员及时供给氧气。

2.2.3 无风掘进环境舒适性保障

2.2.3.1 人体舒适性保障

人体工作的舒适温度为24~26℃。在无风掘进巷内没有风流清洗工作面的情况下，由于地热、掘进作业及人体代谢的影响，掘进巷内温度会升高。倘若掘进工作面温度超过26℃，则需要采取降温措施。在无风条件下，可以采用制冷系统或者穿戴降温背心的方式，保证人员有较好的舒适性。

对于局部区域存在地热灾害的矿井，可以采用穿戴降温背心的方式解决。降温背心主要应用于高温、高湿环境下的防暑降温。其有多种类型适用于矿井作业：第一种是通过冷凝胶或者相变材料作为冷源，第二种是采用半导体冷片作为冷源，第三种是通过冷却水循环降温。单次冷却时间5~72小时不等，并且可以重复使用，使用寿命约为2.5年（如图2-4所示[9]），可以根据矿井的具体条件适当选择。

图2-4 降温背心

若矿井煤层埋深较大、地热严重，则整个矿井需要配备制冷系统，采用地面制冷车间-井下制冷硐室-空冷器的方式，利用冷冻进水、热流回水进行循环制冷。在无风掘进巷内可以直接铺设两道管路来降低工作面的温度。制冷系统如图2-5所示。

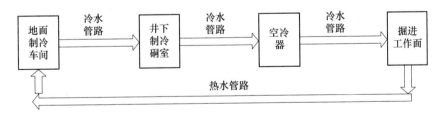

图2-5 制冷系统示意图

2.2.3.2 降尘保障

在掘进迎头附近和距离迎头10m的位置设有两道水幕，水幕随着掘进面的推进不断前移。水幕主要用于掘进过程中的降尘，减小作业人员煤尘吸入量，降低粉尘对作业人员视线的干扰，防止煤尘附着于人体表面，损害皮肤。

2.2.3.3 氮气环境分析

由于氮气是惰性气体，无色无味无毒，没有腐蚀性，对作业人员不存在其他副作用。

2.2.4 无风掘进瓦斯抽采

与传统的瓦斯抽采不同，无风掘进巷内涌出的瓦斯量较大，这部分瓦斯直接由布置在掘进迎头附近的抽采管抽走，转入瓦斯专用管路，传送至地面瓦斯储蓄罐中。抽采管管口始终与掘进面保持 5m 的距离，抽采管上檐距离顶板 5cm，侧檐距离帮壁面 10cm，抽采管管径视具体情况而定。抽采量随着涌出量动态调节，保持抽采量与瓦斯涌出量动态平衡，实现各区域内的气体压力平衡，减少瓦斯向后部区域的泄漏。

2.2.5 无风掘进气体监测监控

在无风掘进系统中配备灵敏监测、精准信号传输、高频动态调控等辅助设施。通过瓦斯及氮气的监测监控及联动传输是无风掘进巷内调节抽采、氮气幕参数的重要依据和手段。在绕道巷的缓冲区以及正压氮气区安设氮气及氧气监测仪，实现对氮气的在线实时监测，通过信号传输及报警装置，控制气幕机的变频元件，调节氮气幕的出口速度，实现对氧气的阻隔。在掘进巷各个区域内的特征点处，安设瓦斯及氮气在线监测仪，同样根据指标气体的浓度变化动态调节抽采量与氮气幕的出口速度，实现对掘进巷内瓦斯的有效阻隔。监测设备如图 2-6、图 2-7 所示。

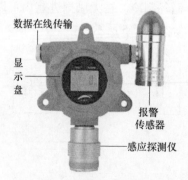
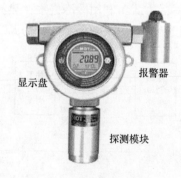

图 2-6　氧气在线监测仪　　　　　　图 2-7　氮气在线监测仪

2.2.6 无风掘进气体阻隔系统

无风掘进工艺不涉及全矿井范围，仅限于掘进巷区域。因此在无风掘进巷以外的区域内，仍然有空气流动，要想实施无风掘进，既需要控制绕道处的氧气不流入掘进巷，又要控制掘进巷内的瓦斯不流出掘进巷，阻隔瓦斯与氧气相遇，防止两者共存，消除瓦斯燃烧或爆炸隐患。基于无风掘进系统模型，分两部分对该模型中的气体进行控制，一是在绕道处布设阻隔装置控制氧气，二是在掘进巷内布设阻隔装置控制瓦斯。气体控制机理如图 2-8 所示。

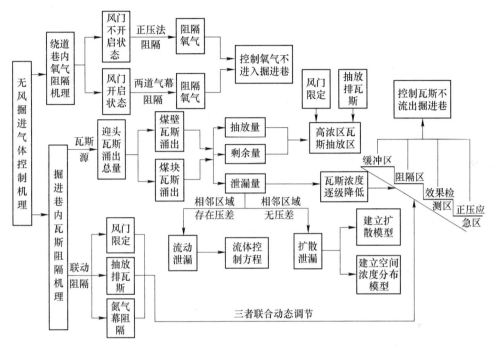

图 2-8　无风掘进气体控制机理

2.2.6.1　绕道巷内氧气的阻隔

在绕道巷内布设一套阻隔装置，用于阻隔轨道集中巷内的氧气进入掘进巷。该阻隔装置由三道风门、三道氮气幕以及氮气和氧气监测设备构成。三道风门将绕道巷分为四个区域：集中轨道巷–绕道区、缓冲区、氮气正压区、氮气区。在前三个区内布设三道氮气幕。

对于氧气的阻隔分为两种情况，第一种是在风门开启状态下对氧气的阻隔；第二种是在风门常闭状态下对氧气的阻隔。对于第一种情况而言，风门开启前预先启动风门前方的氮气气幕机，清洗风门前方的空气，清洗风门开启过程中所扰动的绕道范围，在此范围内形成氮气环境。在开启风门的过程中，同时开启后方缓冲区内的氮气幕，加大正压阻隔区内的氮气注入量，防止集中巷内的氧气在风门开启过程中进入绕道巷。

对于第二种情况而言，风门常闭时，根据压差导致气体流动的作用，采用正压法阻隔氧气进入绕道巷。即在正压氮气区内设置常开的氮气气幕机，保证该区内的气体压力>缓冲区>轨道集中巷-绕道区的气体压力，允许少量的氮气由正压阻隔区流向缓冲区。通过这种方式，配合氧气监测仪的示数，实时动态调节正压阻隔区的氮气喷射量，阻隔集中巷内氧气进入绕道巷。

集中巷-绕道区中井巷温湿度及风速条件下的氧气，一般与空气中氧含量相近，取为20.9%；缓冲区为过渡区，其内的氧气浓度低于5%时，燃烧与爆炸均不能发生；在氮气正压区，将氧浓度设定为1%以下（见表2-1）。

表 2-1　各区域氧气浓度阈值设定

区域	集中巷-绕道区	缓冲区	氮气正压区
氧气浓度/%	20.9	<5	<1

2.2.6.2　掘进巷内瓦斯的阻隔

相比于绕道处的氧气控制而言，掘进巷内对于瓦斯的控制相对较为复杂。不仅要分风门开启与否的情况讨论，而且在掘进巷内的气体流场还受到更多因素的影响，例如瓦斯涌出量、抽采量（即管口速度）、胶带口泄漏量、胶带运转速度及运输煤块大小，掘进作业扰动，氮气幕开启后氮气对各区域内流场的扰动等。

掘进巷内的阻隔装置（如图2-9所示）由五道风门、五道氮气幕、瓦斯与氮气监测仪及联动传输信号构成，这套阻隔装置将掘进巷划分为六个区域，由前方掘进迎头至后方绕道巷依次为：高浓度瓦斯抽采区、泄漏缓冲区、氮气幕阻隔区、效果检测区、正压应急区、氮气区。

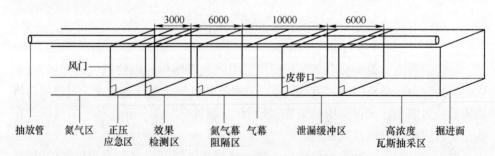

图 2-9　风门-抽采-氮气幕联动阻隔装置示意图

（1）高浓度瓦斯抽采区：该区域在掘进迎头至第一道风门间。由于掘进作业，该区内瓦斯由迎头壁面和两帮壁面大量涌出，在没有新鲜风流清洗掘进面的情况下，瓦斯浓度非常高，利用抽采管将瓦斯直接抽排进入瓦斯专用管路，传送至地面净化提纯罐，既可以减少瓦斯存在的危险又可以增加经济效益。抽采管管口始终与掘进面保持5m的距离，贴近于顶板和一侧帮壁面的位置。

（2）泄漏缓冲区：该区域在第一道风门与第二道风门之间。由于实际中煤体并非完全均质，造成瓦斯涌出量出现波动，抽采量与涌出量之间失衡，导致瓦斯从高浓度区通过第一道风门处的胶带口向后方泄漏。在风门开启过程中各区域内压力均不稳定，速度及瓦斯浓度变化较为剧烈，因此，需要设置该泄漏缓冲区。在掘进面推进的过程中，当涌出量大于抽采量时，小部分瓦斯会向后部空间泄漏。由于第一道风门的阻挡及抽采管的抽采作用，泄漏缓冲区的瓦斯浓度比高浓度瓦斯抽采区浓度显著降低。

（3）氮气幕阻隔区：该区域在第二道风门和第三道风门之间。该区域内的瓦斯从缓冲区经第二道风门处的胶带口泄漏而来，这部分瓦斯量较小，流动趋势较弱。在阻隔区内预先设置氮气幕及瓦斯浓度监测点，正常情况下，氮气幕以小速度常开形式，保证在阻隔区内形成正压环境，阻止前方缓冲区瓦斯向阻隔区泄漏。在异常情况下，监测点瓦斯浓度超过既定的安全阈值时，加大氮气幕出口速度进行瓦斯阻隔。氮气幕开启的同时，加大抽采量，将前方区域内的瓦斯抽走。氮气幕开启过程中，既通过射流卷吸阻隔了瓦斯，又因为注入氮气形成了相对于前后邻近区域的正压区。通过氮气幕的阻隔作用，使得氮气幕后方区域内的瓦斯浓度较前方缓冲区更低。

（4）效果检测区：该区域在第三道风门和第四道风门之间。在该区域内设置瓦斯浓度监测点，若能监测到瓦斯，则说明氮气幕阻隔效果不理想，仍有瓦斯向后方泄漏，需要调节阻隔区和应急响应区氮气幕的参数，增加对瓦斯的阻隔力度；若所有测点显示的瓦斯浓度在安全阈值以下，则说明氮气幕成功阻隔了泄漏瓦斯。

（5）正压应急区：该区域在第四道风门和第五道风门之间。该区域范围相对较小，设置了常开氮气幕，用来保证该区域内的气体压力始终略大于邻近的前后方区域，防止瓦斯扩散到效果检测区以后的区域；同时可以在瓦斯涌出量异常增大时，阻隔区氮气幕没有成功阻隔瓦斯的情况下，作为阻隔瓦斯的应急措施。

（6）氮气区：该区域是指第五道风门后方至绕道处的范围。区域内无瓦斯无氧，气体全部为氮气。

2.2.6.3　掘进巷内各区域瓦斯的安全阈值设定

通过瓦斯浓度逐区递减的方式，实现对瓦斯的有效控制，各区域内的瓦斯浓度见表2-2。

表2-2　各区域瓦斯浓度阈值设定

区域	高浓度瓦斯抽采区	泄漏缓冲区	阻隔区气幕后方	效果检测区	正压应急区	氮气区
瓦斯浓度/%	>95	<40	<5	<1	<0.5	0

高浓度瓦斯抽采区的瓦斯需要抽采利用，应维持瓦斯浓度大于95%，否则会降低瓦斯利用价值。

缓冲区紧邻高浓度瓦斯抽采区，在瓦斯涌出量发生波动时，胶带口处的气体压力失衡，瓦斯向缓冲区流动。当瓦斯通过胶带口进入缓冲区后，会迅速向缓冲区的顶板处运移。根据实验及模拟研究发现，在不采取增大抽采和氮气幕阻隔速度的条件下，缓冲区内气体运移稳定时的瓦斯浓度为40%，将此值定为该区内的瓦斯最大允许值。

氮气幕阻隔区在不增大抽采及氮气阻隔的条件下，瓦斯浓度为19%左右，考虑到该区内布设了阻隔泄漏瓦斯的氮气幕，为实现以少量的氮气便可达到最好的阻隔效果，将该区内氮气幕前方测点瓦斯浓度最大值限定为5%。

效果检测区内允许的瓦斯浓度要低于规程的最小安全阈值，即小于1%。当瓦斯浓度大于该值时，说明氮气幕阻隔效果不理想，应立即增大抽采量和氮气幕出口速度，并启动正压氮气区的气幕。

在正压应急区内，瓦斯的浓度小于0.5%，保证即便有少量瓦斯泄漏，也处于安全范围内。

在氮气区内瓦斯浓度降为零，实现对瓦斯的完全阻隔。

2.2.6.4　制氮工艺及氮气幕阻隔技术

现有的制氮工艺和技术已经较为成熟，应用较为普遍的 DM1000 制氮设备[10]，可以实现 $1000m^3/h$，纯度不小于98%的要求，能够保证有充足的氮气供应。

气幕技术在矿井的应用已经相当成熟，氮气幕与空气幕的不同之处在于气体源不同，其他的作业原理与空气幕相同。

基于制氮及阻隔技术都已经相对成熟，所以采用氮气幕阻隔无风掘进中的瓦斯以及氧气是完全可行的。

2.3　无风掘进优缺点分析

无风掘进工艺与传统掘进工艺相比，主要有以下三方面的优点：

（1）安全优势。没有含氧风流清洗掘进面，在掘进巷内形成无氧环境，所有需要氧气参与的反应均不能发生，因此杜绝了瓦斯燃烧和爆炸、煤炭自燃等灾害事故的发生。

（2）快速掘进。在无氧环境下，不需要再考虑瓦斯浓度等多项指标是否超限的问题，可以减少停产治理瓦斯超限的时间，大大加快掘进速度。

（3）经济效益。掘进过程中涌出的瓦斯不经风流稀释，维持在较高浓度，经抽采后可以作为一种洁净资源合理利用，为企业增加效益。

无风掘进巷的缺点主要在于缺乏成熟的借鉴经验，其相关的理论及技术资料比较匮乏，需要深入地探讨及完善。

2.4　无风掘进与传统掘进的经济比较

在高瓦斯矿井中，选取 1000m 的掘进煤巷，比较无风掘进与传统掘进工艺之间的经济投入，不同指标的经济概算见表 2-3。

表 2-3　经济比较概算表资金　　　　　（万元）

指　标		风门费用	氮气相关费用	通风相关费用	呼吸器费用	瓦斯利润	出煤利润	超限或爆炸治理费用	打钻抽排费用
掘进类型	传统掘进	0	0	42.48	0	0	306	0~80 甚至更多	两者基本相同
	无风掘进	5.72	7.59	0	1.8	52.22	1224	基本为 0	

各项费用计算详述如下：

（1）风门费用 A_1（万元）：

$$A_1 = (a \div b + c + d) \times e$$
$$= (6500 \div 10 + 4500 + 2000) \times 8 = 5.72$$

式中，A_1 为风门安设费；a 为木质风门单价；b 为重复利用次数，取 10；c 为单次安装费用；d 为单次人工费用；e 为风门数目。

（2）氮气费用 A_2（万元）：

$$A_2 = f \div (g \times h \times i \times j) \times k$$
$$= 360 \div (600 \times 6 \times 12 \times 5) \times 1000 = 1.67$$

式中，A_2 为氮气制备、管路铺设、运送及电费（含电费）；g 为重复利用次数；h 为矿井的掘进面个数，取 6 个；i 为月数；j 为年数；k 为 1000m。

（3）气幕机费用 A_3（万元）：

$$A_3 = l \times m \div n + o$$
$$= 2000 \times 8 \div 10 + 5 \times 8 \times 1.2 \times 24 \times 50 = 5.92$$

式中，A_3 为气幕机费用（含电费）；l 为气幕机单价；m 为气幕机台数；n 为气幕机重复使用次数，取 10；o 为电费。

（4）供风费用 A_4（万元）：

$$A_4 = p \times q \times r \times s$$
$$= 2 \times 45 \times 1.2 \times 150 \times 24 = 38.88$$

式中，A_4 为供风费用；p 为风机台数；q 为风机功率；r 为电费单价；s 为小时数（24 与天数乘积）。

（5）风筒费用 A_5（万元）：

$$A_5 = t \div u \times v$$
$$= 180 \div 5 \times 1000 = 3.6$$

式中，A_5 为风筒价格；t 为每米风筒单价；u 为重复利用次数；v 为长度。

（6）正压空气呼吸器设备费用 A_6（万元）：

$$A_6 = w \div x \times y$$
$$= 3000 \times 30 \div 5 = 1.8$$

式中，A_6 为正压呼吸器设备费；w 为正压呼吸器单价；x 为个数；y 为重复利用次数。

（7）瓦斯利润 A_7（万元）：

$$A_7 = z \times \alpha \times \beta \times \gamma \times \varepsilon$$
$$= 3.2 \times 8 \times 20000 \times 1.2 \times 0.85 = 52.22$$

式中，A_7 为瓦斯利润；z 为瓦斯单价；α 为瓦斯吨煤含量；β 为煤炭吨数；γ 为密度；ε 为利用率。

（8）掘进出煤利润 A_8（万元）：

$$A_8 = A \times B$$

式中，A_8 为瓦斯利润；A 为吨煤价格；B 为月出煤量。

传统掘进为：$0.085 \times 5 \times 4 \times 150 \times 1.2 = 306$

无风掘进为：$0.085 \times 5 \times 4 \times 600 \times 1.2 = 1224$

按焦煤价格计算。

（9）事故处理费用：

1）对于煤与瓦斯突出煤层而言，无风掘进工艺与传统掘进工艺相同，均是预先采用消突措施，待达标后，继续掘进。

2）对于高瓦斯不突出煤层而言，传统掘进工艺，当瓦斯超限时，必须立即停产，采取加大风量或打钻抽排的方式减小瓦斯浓度。以山西沙曲矿为例，掘进巷瓦斯浓度超限一次，需要现场治理 6 天，各级监察单位验收合格需要 4 天，共计 10 天，人工、耗材等直接经济损失为 7.5 万元，同时还有无形的间接经济损失。掘进 1000m 的顺槽，发生四起瓦斯超限事故，便会造成至少 30 万元的损失。

3）对于瓦斯爆炸事故，在传统掘进工艺中，存在瓦斯爆炸的风险。倘若发生一次瓦斯爆炸事故，在没有人员伤亡的情况下，仅仅现场修复、设备损伤、整顿检查等各项损失预计 50 万元。倘若发生人员伤亡事故，则造成难以估计的损失。

通过无风掘进与传统掘进工艺的经济比较，可以发现无风掘进由于打破了瓦斯超限的限制，减少了瓦斯治理的费用，大大提高了掘进速度，经济效益远优于传统掘进工艺；更为重要的是，彻底杜绝了瓦斯燃烧和爆炸的风险。

2.5　本章小结

（1）在周世宁院士提出的煤与瓦斯共采新思路的基础上，构建了无风掘进系统模型，并对无风掘进系统的巷道布置、人员物料出入及煤炭运输、人员呼吸及舒适性保障、气体抽采、监测监控以及联动控制等子系统进行了详细阐述。

（2）分析了在无风掘进巷内瓦斯和氧气的控制机理。掘进巷内的阻隔装置由五道风门、五道氮气幕、瓦斯及氮气监测设备构成，该装置将掘进巷分为六个区域；绕道巷内的阻隔装置由三道风门及三道氮气幕组成。在绕道巷对氧气采用正压法和氮气幕阻隔氧气，保证掘进巷内形成无氧环境；在掘进巷内采用多区阻隔、浓度逐区递减的方法控制瓦斯，实现对瓦斯的有效控制，保证瓦斯不流出掘进巷，达到氧气与瓦斯不在同一空间内共存的要求。

（3）对传统掘进与无风掘进的各项工艺进行了经济技术比较，得出了高瓦斯煤巷中无风掘进具有本安、快速以及经济共三大优点。

3 无风掘进瓦斯与氧气阻隔机理研究

实现无风掘进，关键在于控制瓦斯与氧气在无风掘进巷内不共存。为达此目的，首先在理论上研究无风掘进这一特定模型中瓦斯与氧气的阻隔机理。需要理论推导无风掘进系统中瓦斯的涌出规律、输运模型、氮气幕的卷吸阻隔以及掘进巷氧气的阻隔规律。

3.1 无风掘进巷瓦斯涌出模型

实现对瓦斯的有效控制，首先要研究引起巷道中瓦斯变化的根源——迎头瓦斯涌出总量，掘进作业从绕道拐入掘进巷，掘进一定距离后，开始在绕道处和掘进巷内布设阻隔装置。待布设完毕后，打开全部风门用氮气清洗掘进工作面，在氮气环境中开始掘进作业。

要在无风掘进巷内瓦斯正常涌出的情况下实现瓦斯的高效抽采利用，异常涌出时氮气幕的有效阻隔、各区域间的联动作用，首要问题是弄清楚瓦斯的涌出根源，即要掌握无风掘进巷内一个作业循环中瓦斯的涌出总量，而后才可以确定抽采量。下面对掘进面的瓦斯涌出规律进行研究。

掘进工作面瓦斯涌出主要由两部分构成，即煤壁瓦斯涌出和散落煤块的瓦斯涌出，如图 3-1 所示。煤壁瓦斯涌出是指在巷道掘进过程中，由于煤体内部到煤壁之间存在着瓦斯压力差，在压力梯度作用下，瓦斯由高浓度区向低浓度区流动，如图 3-2 所示。

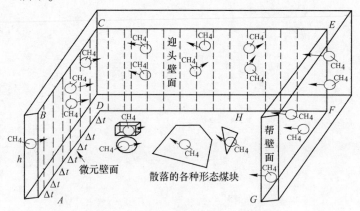

图 3-1 煤壁与煤块瓦斯涌出示意图

掘进过程增大了孔隙通道，减小了瓦斯释放的阻力，煤体内部瓦斯沿煤体裂隙及孔隙向巷道空间涌出。原有游离态的瓦斯完全释放到自由空间，吸附态的瓦斯也大量转化为游离态，释放到了高浓度瓦斯抽采区的空间。掘进落煤时，煤体被破碎成各种粒度的块状煤，提高了煤块中的瓦斯解吸强度，煤块中瓦斯迅速释放到高浓度瓦斯抽采区。

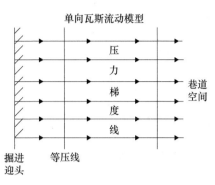

图 3-2　压力梯度下瓦斯流动示意图

3.1.1　壁面瓦斯涌出量积分解算

瓦斯涌出的基本特征是瓦斯涌出强度随着时间的延长而不断衰减。根据煤壁瓦斯涌出强度理论认为，综掘工作面单位面积上的绝对瓦斯涌出量对时间呈现负指数规律衰减[11~13]，可表示为：

$$q = \frac{q_0}{(1 + t)^{\alpha}} \tag{3-1}$$

式中，q 为煤壁暴露 t 时刻单位面积巷道煤壁上的瓦斯涌出量，$\mathrm{m^3/(m^2 \cdot min)}$；$q_0$ 为煤壁刚暴露时，巷道煤壁瓦斯涌出初速度，$\mathrm{m^3/(m^2 \cdot min)}$；$\alpha$ 为煤壁瓦斯涌出衰减系数，$\mathrm{d^{-1}}$；t 为煤壁暴露时间，d。

在求解瓦斯涌出总量时做以下基本假设：

（1）忽略截割部在断面范围内，左右及上下移动的时间内暴露煤壁的瓦斯涌出量，煤壁面所解析的这部分瓦斯直接视为由散落的煤块所涌出。

（2）煤层顶底板不含瓦斯，且不透气。

（3）截割后散落的煤块堆积程度小且不影响瓦斯的自然解吸。

单位面积瓦斯涌出强度为 $q = \dfrac{q_0}{(1 + t)^{\alpha}}$，取一个掘进循环分析，由于涌出强度受时间的影响，因此推进过程中先后暴露壁面之间，瓦斯放散的时间差不能忽略，从掘进割煤开始到停止连续割煤过程的时间共计为 t_{m}，取间间隔 Δt，$\Delta t = \lim\limits_{n \to \infty} \dfrac{t_{\mathrm{m}}}{n}$，若掘进机的割煤速度为机械控制取定值 v，煤层厚度为 h，则每经过 Δt 时间，暴露面积 $\Delta A = hv\Delta t = \lim\limits_{n \to \infty} \dfrac{hvt_{\mathrm{m}}}{n}$。

第一个 Δt 时段内暴露面的瓦斯涌出总时间为整个时段 t_{m}，瓦斯涌出量 Q_1 为：

$$Q_1 = \Delta A \int_0^{t_m} \frac{q_0}{(1+t)^\alpha} dt \tag{3-2}$$

而第二个 Δt 时段内新暴露煤壁面积也为 ΔA，但是所暴露的煤壁上瓦斯涌出的总时间比第一个 Δt 时段内暴露的煤壁少一单位时间 Δt，即为 $(t_m - \Delta t)$。该新暴露的煤壁瓦斯涌出量 Q_2 为：

$$Q_2 = \Delta A \int_{\Delta t}^{t_m} \frac{q_0}{(1+t)^\alpha} dt \tag{3-3}$$

同理第三个 Δt 时段内所暴露煤壁上瓦斯涌出量 Q_3 为：

$$Q_3 = \Delta A \int_{2\Delta t}^{t_m} \frac{q_0}{(1+t)^\alpha} dt \tag{3-4}$$

$$\vdots$$

直至截割停止前的最后两个 Δt 单位内，暴露煤壁的瓦斯涌出量 Q_{n-1} 为：

$$Q_{n-1} = \Delta A \int_{(n-2)\Delta t}^{t_m} \frac{q_0}{(1+t)^\alpha} dt \tag{3-5}$$

$$Q_n = \Delta A \int_{(n-1)\Delta t}^{t_m} \frac{q_0}{(1+t)^\alpha} dt \tag{3-6}$$

则一个掘进循环中，单侧暴露煤壁的瓦斯涌出总量为所有单位面积煤壁瓦斯总量的和即为：

$$Q_{总1} = Q_1 + Q_2 + Q_3 + \cdots + Q_{n-1} + Q_n \tag{3-7}$$

$$Q_{总1} = \Delta A \left[\frac{q_0(1+t)^{1-\alpha}}{1-\alpha} \Big|_0^{t_m} + \frac{q_0(1+t)^{1-\alpha}}{1-\alpha} \Big|_{\Delta t}^{t_m} + \cdots + \frac{q_0(1+t)^{1-\alpha}}{1-\alpha} \Big|_{(n-1)\Delta t}^{t_m} \right]$$

$$= \left\{ \frac{nq_0(1+t_m)^{1-\alpha}}{1-\alpha} - \frac{q_0}{1-\alpha} \left[(1+\Delta t)^{1-\alpha} + (1+2\Delta t)^{1-\alpha} + \cdots + (1+(n-1)\Delta t)^{1-\alpha} \right] \right\} \Delta A \tag{3-8}$$

$$= \left\{ \frac{nq_0(1+t_m)^{1-\alpha}}{1-\alpha} - \frac{1}{\Delta t} \frac{q_0}{1-\alpha} \Delta t \times \left[(1+\Delta t)^{1-\alpha} + (1+2\Delta t)^{1-\alpha} + \cdots + (1+(n-1)\Delta t)^{1-\alpha} \right] \right\} \Delta A$$

将上式右边部分含多个 Δt 的指数求和公式化为积分形式，则有：

$$Q_{总1} = \left[\frac{nq_0(1+t_m)^{1-\alpha}}{1-\alpha} - \frac{1}{\Delta t} \frac{q_0}{1-\alpha} \int_0^{t_m} (1+t)^{1-\alpha} dt \right] \Delta A$$

$$= \left\{ \frac{nq_0(1+t_m)^{1-\alpha}}{1-\alpha} - \frac{n}{t_m} \frac{q_0}{1-\alpha} \left[\frac{(1+t_m)^{2-\alpha} - 1}{2-\alpha} \right] \right\} \Delta A \tag{3-9}$$

$$= \left\{ \frac{nq_0(1+t_m)^{1-\alpha}}{1-\alpha} - \left[\frac{(1+t_m)^{2-\alpha} - 1}{(2-\alpha)t_m} \right] \right\} \Delta A$$

将 $\Delta A = hv\Delta t = \lim\limits_{n \to \infty} \dfrac{hvt_{\mathrm{m}}}{n}$ 代入式（3-9），可以得出

$$Q_{\text{总}1} = \frac{hvt_{\mathrm{m}}q_0}{1-\alpha}\left[(1+t_m)^{1-\alpha} - \frac{(1+t_m)^{2-\alpha}-1}{(2-\alpha)t_m}\right] \tag{3-10}$$

3.1.2 散落煤块瓦斯涌出量积分解算

由上可知 $\Delta t = \lim\limits_{n \to \infty} \dfrac{t_{\mathrm{m}}}{n}$，割煤机的割煤能力为定值，$\Delta t = \lim\limits_{n \to \infty}\rho F\dfrac{l}{n}$（其中 l 为壁长，F 为每次割下煤的横截面积，ρ 为煤的密度），假设煤的散落均匀。

根据落煤块瓦斯涌出量与时间的指数放散规律，有[14~16]：

$$q = q_1 e^{\beta t} \tag{3-11}$$

式中，q 为单位质量落煤在 t 时的瓦斯涌出量；q_1 为单位质量落煤初始瓦斯涌出量；β 为落煤瓦斯涌出衰减系数；t 为瓦斯放散时间。

落煤瓦斯涌出量主要取决于 q_0 和 β 这两个参数，而这两个参数反映了煤块的瓦斯放散特征，其值取决于煤质及块煤粒度的大小，即同样时间内瓦斯含量大、衰减系数小的煤块涌出的瓦斯多，反之则少。

由式（3-11）可得单位煤块放散瓦斯为：

$$Q_1 = \Delta m \int_0^{t_{\mathrm{m}}} q_0 e^{\beta t}\mathrm{d}t$$

$$Q_2 = \Delta m \int_{\Delta t}^{t_{\mathrm{m}}} q_0 e^{\beta t}\mathrm{d}t$$

$$\vdots$$

$$Q_n = \Delta m \int_{((n-1)\Delta t)}^{t_{\mathrm{m}}} q_0 e^{\beta t}\mathrm{d}t \tag{3-12}$$

在 t_{m} 时间内，落煤瓦斯涌出量 $Q_{\text{总}2}$ 为：

$$\begin{aligned}
Q_{\text{总}2} &= Q_1 + Q_2 + Q_3 + \cdots + Q_n \\
&= \Delta m \int_0^{t_{\mathrm{m}}} q_0 e^{\beta t}\mathrm{d}t + \Delta m \int_{\Delta t}^{t_{\mathrm{m}}} q_0 e^{\beta t}\mathrm{d}t + \Delta m \int_{2\Delta t}^{t_{\mathrm{m}}} q_0 e^{\beta t}\mathrm{d}t + \cdots + \Delta m \int_{(n-1)\Delta t}^{t_{\mathrm{m}}} q_0 e^{\beta t}\mathrm{d}t \\
&= \Delta m \left[\int_0^{t_{\mathrm{m}}} q_0 e^{\beta t}\mathrm{d}t + \int_{\Delta t}^{t_{\mathrm{m}}} q_0 e^{\beta t}\mathrm{d}t + \int_{2\Delta t}^{t_{\mathrm{m}}} q_0 e^{\beta t}\mathrm{d}t + \cdots + \int_{(n-1)\Delta t}^{t_{\mathrm{m}}} q_0 e^{\beta t}\mathrm{d}t\right] \\
&= \Delta m \left[\frac{q_0}{\beta}e^{\beta t}\Big|_0^{t_{\mathrm{m}}} + \frac{q_0}{\beta}e^{\beta t}\Big|_{\Delta t}^{t_{\mathrm{m}}} + \cdots + \frac{q_0}{\beta}e^{\beta t}\Big|_{(n-1)\Delta t}^{t_{\mathrm{m}}}\right] \\
&= q_0 \Delta m \left[(e^{\beta t_{\mathrm{m}}} - 1) + (e^{\beta t_{\mathrm{m}}} - e^{\beta\Delta t}) + (e^{\beta t_{\mathrm{m}}} - e^{\beta 2\Delta t}) + \cdots + (e^{\beta t_{\mathrm{m}}} - e^{\beta(n-1)\Delta t})\right] \\
&= \frac{q_0}{\beta}\Delta m \left[ne^{\beta t_{\mathrm{m}}} - (1 + e^{\beta\Delta t} + e^{2\Delta t} + e^{3\Delta t}\cdots e^{\beta(n-1)\Delta t})\right]
\end{aligned}$$

$$= \lim_{n=\infty} \frac{q_0 \rho F l}{n\beta} \left[n e^{\beta t_m} - (1 + e^{\beta \Delta t} + e^{\beta 2\Delta t} + e^{\beta 3\Delta t} + \cdots + e^{\beta(n-1)\Delta t}) \right]$$

$$= \frac{q_0 \rho F l}{\beta} e^{\beta t_m} - \frac{q_0 \rho F l}{\beta} \lim_{n \to \infty} (1 + e^{\beta \Delta t} + e^{\beta 2\Delta t} + \cdots + e^{\beta(n-1)\Delta t}) \frac{1}{n}$$

$$= \frac{q_0 \rho F l}{\beta} e^{\beta t_m} - \frac{q_0 \rho F l}{\beta} \lim_{n \to \infty} (1 + e^{\beta \Delta t} + e^{\beta 2\Delta t} \cdots + e^{\beta(n-1)\Delta t}) \frac{t_m}{n} \frac{1}{t_m}$$

$$= \frac{q_0 \rho F l}{\beta} e^{\beta t_m} - \frac{q_0 \rho F l}{\beta t_m} \lim_{n \to \infty} \sum_{i=1}^{n} e^{\beta(i-1)\Delta t} \Delta t \tag{3-13}$$

将上式右边部分含多个 Δt 的指数求和公式化为积分形式:

$$Q_{\text{总}2} = \frac{q_0 \rho F l}{\beta} e^{\beta t_m} - \frac{q_0 \rho F l}{\beta t_m} \left(\frac{1}{\beta} e^{\beta t_m} - \frac{1}{\beta} \right)$$

$$= \frac{q_0 \rho F l}{\beta} \left(e^{\beta t_m} - \frac{1}{\beta t_m} e^{\beta t_m} - \frac{1}{\beta t_m} \right) \tag{3-14}$$

掘进面一个掘进循环内的瓦斯涌出总量 $Q_{\text{总}}$ 为两侧帮壁面与散落煤块所释放的瓦斯总和:

$$Q_{\text{总}} = 2Q_{\text{总}1} + Q_{\text{总}2}$$

$$= \frac{hvt_m q_0}{1-\alpha} \left[(1+t_m)^{1-\alpha} - \frac{(1+t_m)^{2-\alpha} - 1}{(2-\alpha)t_m} \right] + \frac{q_0 \rho F l}{\beta} \left(e^{\beta t_m} - \frac{1}{\beta t_m} e^{\beta t_m} - \frac{1}{\beta t_m} \right)$$

$$\tag{3-15}$$

得出了掘进面的瓦斯涌出总量,便可以设定抽采参数,使抽采量等于涌出量,维持各区域内气体的压力平衡状态。

煤壁瓦斯涌出衰减系数和瓦斯涌出初速度若采用直接测定方法,在现场实施比较困难。一般采用间接测定法[17,18]。具体做法是:在正常掘进的煤巷中,隔一定的距离选取两个较为规整的断面 A 和 B。在非生产班,测定两个断面的风量和瓦斯浓度,得到该断面距离工作面不同距离处的煤壁瓦斯涌出量,然后通过求解方程组计算 α 和 q_0。

$$\begin{cases} Q_{A-A} = \dfrac{q_0 v_1 U}{2\alpha} (1 - e^{-\frac{2\alpha L_1}{v_1}}) \\[3mm] Q_{B-B} = \dfrac{q_0 v_1 U}{2\alpha} (1 - e^{-\frac{2\alpha L_2}{v_1}}) \end{cases} \tag{3-16}$$

为了避免偶然性,在整个掘进巷道中,多选几个断面进行测定,求出 α 和 q_0 的平均值。

3.2　无风掘进巷瓦斯流动运移规律研究

无风掘进中,胶带口处的气体泄漏主要有五种形式:第一种是相邻区域间存在压差，气体由高压区向低压区的流动；第二种是不存在压差时，在浓度梯度作用下的扩散；第三种是由胶带上煤块之间空隙内的瓦斯进入下一区域时的释放；第四种是煤块在运移过程中所解吸的瓦斯；第五种是胶带流动引流的边界层瓦斯。即：

$$Q_{泄} = Q_{流动} + Q_{扩散} + Q_{空隙} + Q_{解吸} + Q_{引} \tag{3-17}$$

上述等式右边的五项在不同边界和初始条件下，各项之间大小差异较大，根据实际需要考虑主要因素，合理忽略弱影响因素。3.2~3.5节针对上述模型每个影响因素展开研究。首先对无风巷内气体流动的控制方程进行研究。

3.2.1 无风掘进巷瓦斯连续输运规律

无风掘进巷内的气体，在流动过程中遵循质量守恒定律。由于连续性假设，流体各物理量均为坐标 (x, y, z) 与时间 t 的单值、连续、可微函数。

选取一个边长分别为 dx，dy 和 dz，微元六面体进行分析[19]，如图3-3所示。

设混合气流经过后边界时密度为 ρ，考虑到巷道中初始时刻全部为氮气，且当壁面瓦斯开始涌出时便开启抽采，可认为流场微元六面体的运动是涌出速度、抽采负压、重力以及浮力综合作用下的结果。瓦斯因涌出初速度、抽采负压、重力及浮力作用下的合速度为 u_1，由于微元六面体前后边界面之间混合气体存在浓度梯度，扩散速度为 u'，微元六面体后边界单位面上流过瓦斯氮气混合气

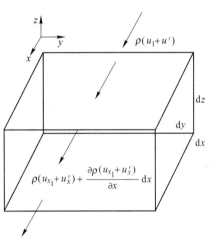

图 3-3 微元六面体连续性分析图

体的质量为 $\rho(u_1 + u')$，在 x 方向上、单位时间内，流出微元体前边界单位面积上混合气体的质量为：

$$\rho(u_{x_1} + u'_x) + \frac{\partial \rho(u_{x_1} + u'_x)}{\partial x} dx \tag{3-18}$$

在微元时间 dt 内，由于混合气流是连续性流体，在时间 dt 内，经后边界面流入微元六面体的混合气流质量为：

$$\rho(u_{x_1} + u'_x) dydzdt \tag{3-19}$$

同样，在时间 dt 内，经前边界面流出微元六面体的混合气流质量为：

$$\rho(u_{x_1} + u'_x) dydzdt + \left[\frac{\partial \rho(u_{x_1} + u'_x)}{\partial x} dx \right] dydzdt$$

$$= \left[\rho(u_{x_1} + u'_x) \, \mathrm{d}y \mathrm{d}z \mathrm{d}t + \frac{\partial \rho(u_{x_1} + u'_x)}{\partial x} \mathrm{d}x \mathrm{d}y \mathrm{d}z \mathrm{d}t \right] \tag{3-20}$$

则在时间 $\mathrm{d}t$ 内，沿 x 轴方向流入微元体混合气体的质量减去沿 x 轴方向流出微元体混合气体的质量，即为 $\mathrm{d}t$ 时间内流经微元六面体 x 方向的混合气体的质量差 $\mathrm{d}M_x$：

$$\mathrm{d}M_x = \rho(u_{x_1} + u'_x) \, \mathrm{d}y \mathrm{d}z \mathrm{d}t - \left[\rho(u_{x_1} + u'_x) + \frac{\partial \rho(u_{x_1} + u'_x)}{\partial x} \mathrm{d}x \right] \mathrm{d}y \mathrm{d}z \mathrm{d}t$$

$$= -\frac{\partial \rho(u_{x_1} + u'_x)}{\partial x} \mathrm{d}x \mathrm{d}y \mathrm{d}z \mathrm{d}t \tag{3-21}$$

在时间 $\mathrm{d}t$ 内，沿 y 轴方向流经微元六面体的质量差为：

$$\mathrm{d}M_y = \rho(u_{y_1} + u'_y) \, \mathrm{d}x \mathrm{d}z \mathrm{d}t - \left[\rho(u_{y_1} + u'_y) + \frac{\partial \rho(u_{y_1} + u'_y)}{\partial y} \mathrm{d}y \right] \mathrm{d}x \mathrm{d}z \mathrm{d}t$$

$$= -\frac{\partial \rho(u_{y_1} + u'_y)}{\partial y} \mathrm{d}y \mathrm{d}x \mathrm{d}z \mathrm{d}t \tag{3-22}$$

在时间 $\mathrm{d}t$ 内，沿 z 轴方向流经微元六面体的质量差为：

$$\mathrm{d}M_z = \rho(u_{z_1} + u'_z) \, \mathrm{d}x \mathrm{d}y \mathrm{d}t - \left[\rho(u_{z_1} + u'_z) + \frac{\partial \rho(u_{z_1} + u'_z)}{\partial z} \mathrm{d}z \right] \mathrm{d}x \mathrm{d}y \mathrm{d}t$$

$$= -\frac{\partial \rho(u_{z_1} + u'_z)}{\partial z} \mathrm{d}z \mathrm{d}x \mathrm{d}y \mathrm{d}t \tag{3-23}$$

在 x 轴、y 轴、z 轴三个方向上微元六面体都存在质量差，由于质量是标量，不存在方向性，且小微元体内无源项，因此，三者可叠加。所以在 $\mathrm{d}t$ 时间内，微元六面体质量变化总差值为：

$$\mathrm{d}M = \mathrm{d}M_x + \mathrm{d}M_y + \mathrm{d}M_z = -\frac{\partial \rho(u_{x_1} + u'_x)}{\partial x} \mathrm{d}x \mathrm{d}y \mathrm{d}z \mathrm{d}t -$$

$$\frac{\partial \rho(u_{y_1} + u'_y)}{\partial y} \mathrm{d}y \mathrm{d}x \mathrm{d}z \mathrm{d}t - \frac{\partial \rho(u_{z_1} + u'_z)}{\partial z} \mathrm{d}z \mathrm{d}x \mathrm{d}y \mathrm{d}t \tag{3-24}$$

$$= -\left[\frac{\partial \rho(u_{x_1} + u'_x)}{\partial x} + \frac{\partial \rho(u_{y_1} + u'_y)}{\partial y} + \frac{\partial \rho(u_{z_1} + u'_z)}{\partial z} \right] \mathrm{d}x \mathrm{d}y \mathrm{d}z \mathrm{d}t$$

在 $\mathrm{d}t$ 时间内，微元六面体内存在一个质量差，由于所取微元六面体边长 $\mathrm{d}x$、$\mathrm{d}y$、$\mathrm{d}z$ 为定值，故微元体体积恒定，可知微元体内密度发生了变化。$\mathrm{d}t$ 时间后，微元体密度为：

$$\rho + \frac{\partial \rho}{\partial t} \mathrm{d}t \tag{3-25}$$

从密度角度分析，在 $\mathrm{d}t$ 时间内，微元六面体质量的变化值为：

$$\mathrm{d}M = \left[\rho + \frac{\partial\rho}{\partial t}\mathrm{d}t\right]\mathrm{d}x\mathrm{d}y\mathrm{d}z - \rho\mathrm{d}x\mathrm{d}y\mathrm{d}z = \frac{\partial\rho}{\partial t}\mathrm{d}x\mathrm{d}y\mathrm{d}z\mathrm{d}t \tag{3-26}$$

上述两种算法中的微元六面体内质量变化值是相等的，因此有：

$$-\left[\frac{\partial\rho(u_{x_1} + u'_x)}{\partial x} + \frac{\partial\rho(u_{y_1} + u'_y)}{\partial y} + \frac{\partial\rho(u_{z_1} + u'_z)}{\partial z}\right]\mathrm{d}x\mathrm{d}y\mathrm{d}z\mathrm{d}t = \frac{\partial\rho}{\partial t}\mathrm{d}x\mathrm{d}y\mathrm{d}z\mathrm{d}t \tag{3-27}$$

等式两边同除以 $\mathrm{d}x\mathrm{d}y\mathrm{d}z\mathrm{d}t$ 得：

$$\frac{\partial\rho}{\partial t} = -\left[\frac{\partial\rho(u_{x_1} + u'_x)}{\partial x} + \frac{\partial\rho(u_{y_1} + u'_y)}{\partial y} + \frac{\partial\rho(u_{z_1} + u'_z)}{\partial z}\right] \tag{3-28}$$

沿 x 轴方向上的速度 u_{x_1} 和 u'_x，用 $u_x = u_{x_1} + u'_x$ 表示。

同理，沿 y 轴和 z 轴方向上亦有：$u_y = u_{y_1} + u'_y$、$u_z = u_{z_1} + u'_z$。

因此，等式可化为：

$$\frac{\partial\rho}{\partial t} = -\left[\frac{\partial(\rho u_x)}{\partial x} + \frac{\partial(\rho u_y)}{\partial y} + \frac{\partial(\rho u_z)}{\partial z}\right] \tag{3-29}$$

根据二元求偏导法则知

$$\begin{cases} \dfrac{\partial(\rho u_x)}{\partial x} = \dfrac{\partial\rho}{\partial x}u_x + \dfrac{\partial u_x}{\partial x}\rho \\[2mm] \dfrac{\partial(\rho u_y)}{\partial y} = \dfrac{\partial\rho}{\partial y}u_y + \dfrac{\partial u_y}{\partial y}\rho \\[2mm] \dfrac{\partial(\rho u_z)}{\partial z} = \dfrac{\partial\rho}{\partial z}u_z + \dfrac{\partial u_z}{\partial z}\rho \end{cases} \tag{3-30}$$

代入上式可得：

$$\frac{\partial\rho}{\partial t} = -\left(\frac{\partial\rho}{\partial x}u_x + \frac{\partial u_x}{\partial x}\rho + \frac{\partial\rho}{\partial y}u_y + \frac{\partial u_y}{\partial y}\rho + \frac{\partial\rho}{\partial z}u_z + \frac{\partial u_z}{\partial z}\rho\right) \tag{3-31}$$

化简得：

$$\frac{\partial\rho}{\partial t} = -\left(\frac{\partial\rho}{\partial x}u_x + \frac{\partial\rho}{\partial y}u_y + \frac{\partial\rho}{\partial z}u_z\right) - \rho\left(\frac{\partial u_x}{\partial x} + \frac{\partial u_y}{\partial y} + \frac{\partial u_z}{\partial z}\right) \tag{3-32}$$

将 $u_x = \dfrac{\mathrm{d}x}{\mathrm{d}t}$、$u_y = \dfrac{\mathrm{d}y}{\mathrm{d}t}$、$u_z = \dfrac{\mathrm{d}z}{\mathrm{d}t}$ 代入式中，得：

$$\frac{\partial\rho}{\partial t} = -\left(\frac{\partial\rho}{\partial x}\frac{\mathrm{d}x}{\mathrm{d}t} + \frac{\partial\rho}{\partial y}\frac{\mathrm{d}y}{\mathrm{d}t} + \frac{\partial\rho}{\partial z}\frac{\mathrm{d}z}{\mathrm{d}t}\right) - \rho\left(\frac{\partial u_x}{\partial x} + \frac{\partial u_y}{\partial y} + \frac{\partial u_z}{\partial z}\right) \tag{3-33}$$

将等式移项得：

$$\frac{\partial \rho}{\partial x}\frac{\mathrm{d}x}{\mathrm{d}t} + \frac{\partial \rho}{\partial y}\frac{\mathrm{d}y}{\mathrm{d}t} + \frac{\partial \rho}{\partial z}\frac{\mathrm{d}z}{\mathrm{d}t} + \rho\left(\frac{\partial u_x}{\partial x} + \frac{\partial u_y}{\partial y} + \frac{\partial u_z}{\partial z}\right) + \frac{\partial \rho}{\partial t} = 0 \qquad (3\text{-}34)$$

整理得：

$$\left(\frac{\partial \rho}{\partial x}\frac{\mathrm{d}x}{\mathrm{d}t} + \frac{\partial \rho}{\partial y}\frac{\mathrm{d}y}{\mathrm{d}t} + \frac{\partial \rho}{\partial z}\frac{\mathrm{d}z}{\mathrm{d}t} + \frac{\partial \rho}{\partial t}\right) + \rho\left(\frac{\partial u_x}{\partial x} + \frac{\partial u_y}{\partial y} + \frac{\partial u_z}{\partial z}\right) = 0 \qquad (3\text{-}35)$$

巷道中瓦斯混合气体的密度是关于 x、y、z、t 的函数，由此建立方程：

$$\rho = g(x,\ y,\ z,\ t) \qquad (3\text{-}36)$$

对 ρ 求全导，可得：

$$\frac{\mathrm{d}\rho}{\mathrm{d}t} = \frac{\partial \rho}{\partial x}\frac{\mathrm{d}x}{\mathrm{d}t} + \frac{\partial \rho}{\partial y}\frac{\mathrm{d}y}{\mathrm{d}t} + \frac{\partial \rho}{\partial z}\frac{\mathrm{d}z}{\mathrm{d}t} + \frac{\partial \rho}{\partial t} \qquad (3\text{-}37)$$

代入上式，可化简得：

$$\frac{\mathrm{d}\rho}{\mathrm{d}t} + \rho\left(\frac{\partial u_x}{\partial x} + \frac{\partial u_y}{\partial y} + \frac{\partial u_z}{\partial z}\right) = 0 \qquad (3\text{-}38)$$

式（3-38）即为巷道中煤壁瓦斯涌出及抽采条件下流体的连续性方程。

同时，由于模型流速较小，温度变化较小，将流体视为不可压缩流体，在微元处密度为定常参数，不随时间、位置的变化而变化，故：$\dfrac{\mathrm{d}\rho}{\mathrm{d}t} = 0$

上述连续性方程可化为：

$$\rho\left(\frac{\partial u_x}{\partial x} + \frac{\partial u_y}{\partial y} + \frac{\partial u_z}{\partial z}\right) = 0 \qquad (3\text{-}39)$$

式（3-39）即为无风掘进巷内气体输运连续性方程。

3.2.2　无风掘进巷瓦斯输运动量规律

无风掘进巷气体在抽采、浮力、重力、涌出初速度以及黏性阻力等影响因素作用下，遵循该模型下的动量守恒定律。瓦斯从煤壁和散落煤块中涌出与氮气形成混合气体，这种混合气体可视为牛顿流体。

在空间中任取一微元六面体边长分别为 $\mathrm{d}x$、$\mathrm{d}y$、$\mathrm{d}z$，如图 3-4 所示，微元六面体受到的作用力主要是体积力和表面力，由

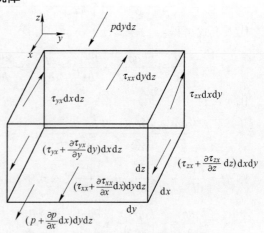

图 3-4　微元六面体动量分析图

于在巷道中加入抽气泵，则会在巷道中产生负压，假定微元六面体受负压为 p。首先对微元六面体在 x 轴方向上进行分析[19]。

微元六面体在 x 轴方向上的力由牛顿第二定律 $F = ma$ 得：

$$F_x = ma_x \tag{3-40}$$

用 f 表示微元六面体单位质量上所受的力，则 f_x 表示 x 轴方向上微元体单位质量所受的力。微元六面体体积为 $\mathrm{d}x\mathrm{d}y\mathrm{d}z$，微元六面体在 x 轴方向上的体积力不妨用 G 表示，则：

$$G = \rho f_x \mathrm{d}x\mathrm{d}y\mathrm{d}z \tag{3-41}$$

微元六面体后侧边界所受的切向应力和法向应力为：$\tau_{xx}\mathrm{d}y\mathrm{d}z$、$\tau_{yx}\mathrm{d}x\mathrm{d}z$、$\tau_{zx}\mathrm{d}x\mathrm{d}y$；压力为：$p\mathrm{d}y\mathrm{d}z$。前侧边界面所受的切向应力和法向应力为：$\left(\tau_{xx} + \dfrac{\partial \tau_{xx}}{\partial x}\mathrm{d}x\right)\mathrm{d}y\mathrm{d}z$、$\left(\tau_{yx} + \dfrac{\partial \tau_{yx}}{\partial y}\mathrm{d}y\right)\mathrm{d}x\mathrm{d}z$、$\left(\tau_{zx} + \dfrac{\partial \tau_{zx}}{\partial z}\mathrm{d}z\right)\mathrm{d}x\mathrm{d}y$；压力为：$\left(p + \dfrac{\partial p}{\partial x}\mathrm{d}x\right)\mathrm{d}y\mathrm{d}x$。则微元六面体所受的净表面力，不妨用 W 表示：

$$
\begin{aligned}
W &= \left(\tau_{xx} + \frac{\partial \tau_{xx}}{\partial x}\mathrm{d}x - \tau_{xx}\right)\mathrm{d}y\mathrm{d}z + \left(\tau_{yx} + \frac{\partial \tau_{yx}}{\partial y}\mathrm{d}y - \tau_{yx}\right)\mathrm{d}x\mathrm{d}z + \\
&\quad \left(\tau_{zx} + \frac{\partial \tau_{zx}}{\partial z}\mathrm{d}z - \tau_{zx}\right)\mathrm{d}x\mathrm{d}y + \left(p + \frac{\partial p}{\partial x}\mathrm{d}x - p\right)\mathrm{d}y\mathrm{d}z \\
&= \frac{\partial \tau_{xx}}{\partial x}\mathrm{d}x\mathrm{d}y\mathrm{d}z + \frac{\partial \tau_{yx}}{\partial y}\mathrm{d}x\mathrm{d}y\mathrm{d}z + \frac{\partial \tau_{zx}}{\partial z}\mathrm{d}x\mathrm{d}y\mathrm{d}z + \frac{\partial p}{\partial x}\mathrm{d}x\mathrm{d}y\mathrm{d}z
\end{aligned} \tag{3-42}
$$

用 F_x 表示微元六面体在 x 轴方向上所受的合力，有：$F_x = G + W$，即：

$$F_x = \rho f_x \mathrm{d}x\mathrm{d}y\mathrm{d}z + \left(\frac{\partial \tau_{xx}}{\partial x} + \frac{\partial \tau_{yx}}{\partial y} + \frac{\partial \tau_{zx}}{\partial z} + \frac{\partial p}{\partial x}\right)\mathrm{d}x\mathrm{d}y\mathrm{d}z \tag{3-43}$$

由于 $m = \rho\mathrm{d}x\mathrm{d}y\mathrm{d}z$，$x$ 轴方向上的加速度：$a_x = \dfrac{\mathrm{d}u_x}{\mathrm{d}t}$，有 $F_x = \rho\mathrm{d}x\mathrm{d}y\mathrm{d}z\dfrac{\mathrm{d}u_x}{\mathrm{d}t}$，即：

$$\rho\mathrm{d}x\mathrm{d}y\mathrm{d}z\frac{\mathrm{d}u_x}{\mathrm{d}t} = \rho f_x \mathrm{d}x\mathrm{d}y\mathrm{d}z + \left(\frac{\partial \tau_{xx}}{\partial x} + \frac{\partial \tau_{yx}}{\partial y} + \frac{\partial \tau_{zx}}{\partial z} + \frac{\partial p}{\partial x}\right)\mathrm{d}x\mathrm{d}y\mathrm{d}z \tag{3-44}$$

等式两边同时除以 $\mathrm{d}x\mathrm{d}y\mathrm{d}z$，得：

$$\rho\frac{\mathrm{d}u_x}{\mathrm{d}t} = \rho f_x + \frac{\partial \tau_{xx}}{\partial x} + \frac{\partial \tau_{yx}}{\partial y} + \frac{\partial \tau_{zx}}{\partial z} + \frac{\partial p}{\partial x} \tag{3-45}$$

同样可以导出微元六面体在 y 轴方向和 z 轴方向上的运动方程，有：

$$\rho \frac{du_y}{dt} = \rho f_y + \frac{\partial \tau_{yy}}{\partial y} + \frac{\partial \tau_{xy}}{\partial x} + \frac{\partial \tau_{zy}}{\partial z} + \frac{\partial p}{\partial y} \tag{3-46}$$

$$\rho \frac{du_z}{dt} = \rho f_z + \frac{\partial \tau_{zz}}{\partial z} + \frac{\partial \tau_{xz}}{\partial x} + \frac{\partial \tau_{yz}}{\partial y} + \frac{\partial p}{\partial z} \tag{3-47}$$

由于混合气体为牛顿流体，则有：

$$\begin{cases} \tau_{xx} = \lambda(\nabla \cdot u_x) + 2\mu \dfrac{\partial u_x}{\partial x} \\[2mm] \tau_{yy} = \lambda(\nabla \cdot u_y) + 2\mu \dfrac{\partial u_y}{\partial y} \\[2mm] \tau_{zz} = \lambda(\nabla \cdot u_z) + 2\mu \dfrac{\partial u_z}{\partial z} \\[2mm] \tau_{xy} = \tau_{yx} = \mu\left(\dfrac{\partial u_y}{\partial x} + \dfrac{\partial u_x}{\partial y}\right) \\[2mm] \tau_{xz} = \tau_{zx} = \mu\left(\dfrac{\partial u_z}{\partial x} + \dfrac{\partial u_x}{\partial z}\right) \\[2mm] \tau_{yz} = \tau_{zy} = \mu\left(\dfrac{\partial u_y}{\partial z} + \dfrac{\partial u_z}{\partial y}\right) \end{cases} \tag{3-48}$$

其中，∇ 为哈密顿算子，$\nabla = \dfrac{\partial}{\partial x}\boldsymbol{i} + \dfrac{\partial}{\partial y}\boldsymbol{j} + \dfrac{\partial}{\partial z}\boldsymbol{k}$，对于任意的 $\nabla \cdot \boldsymbol{A}$ 有：

$$\nabla \cdot \boldsymbol{A} = \left(\frac{\partial}{\partial x}\boldsymbol{i} + \frac{\partial}{\partial y}\boldsymbol{j} + \frac{\partial}{\partial z}\boldsymbol{k}\right)(A\,x_i + A\,y_j + A\,z_k) = \frac{\partial A_x}{\partial x} + \frac{\partial A_y}{\partial y} + \frac{\partial A_z}{\partial z} \tag{3-49}$$

式中，μ 为黏性系数；λ 为第二黏性系数，且有 $\lambda = -\dfrac{2}{3}\mu$。

对于混合不可压缩性气体，则密度 ρ 为常数，在压缩形式的动量方程中有：

$$\frac{d\rho}{dt} + \rho \nabla \cdot v = 0 \tag{3-50}$$

则 $\nabla \cdot v = 0$，有：

$$\begin{cases} \tau_{xx} = 2\mu \dfrac{\partial u_x}{\partial x} \\[2mm] \tau_{yy} = 2\mu \dfrac{\partial u_y}{\partial y} \\[2mm] \tau_{zz} = 2\mu \dfrac{\partial u_z}{\partial z} \end{cases} \tag{3-51}$$

又因为：

$$\begin{cases} \dfrac{\partial \tau_{xx}}{\partial x} = 2\mu \dfrac{\partial^2 u_x}{\partial x^2} \\[3mm] \dfrac{\partial \tau_{yx}}{\partial y} = \mu \left(\dfrac{\partial^2 u_y}{\partial x \partial y} + \dfrac{\partial^2 u_x}{\partial y \partial x} \right) \\[3mm] \dfrac{\partial \tau_{zx}}{\partial z} = \mu \left(\dfrac{\partial^2 u_z}{\partial x \partial z} + \dfrac{\partial^2 u_x}{\partial z \partial x} \right) \end{cases} \tag{3-52}$$

于是有：

$$\begin{cases} \rho \dfrac{\mathrm{d}u_x}{\mathrm{d}t} = 2\mu \dfrac{\partial^2 u_x}{\partial x^2} + \mu \left(\dfrac{\partial^2 u_y}{\partial x \partial y} + \dfrac{\partial^2 u_x}{\partial y \partial x} \right) + \mu \left(\dfrac{\partial^2 u_z}{\partial x \partial z} + \dfrac{\partial^2 u_x}{\partial z \partial x} \right) + \rho f_x + \dfrac{\partial p}{\partial x} \\[3mm] \rho \dfrac{\mathrm{d}u_y}{\mathrm{d}t} = 2\mu \dfrac{\partial^2 u_y}{\partial y^2} + \mu \left(\dfrac{\partial^2 u_y}{\partial x^2} + \dfrac{\partial^2 u_x}{\partial y \partial x} \right) + \mu \left(\dfrac{\partial^2 u_z}{\partial y \partial z} + \dfrac{\partial^2 u_y}{\partial z^2} \right) + \rho f_y + \dfrac{\partial p}{\partial y} \\[3mm] \rho \dfrac{\mathrm{d}u_z}{\mathrm{d}t} = 2\mu \dfrac{\partial^2 u_z}{\partial z^2} + \mu \left(\dfrac{\partial^2 u_x}{\partial z \partial x} + \dfrac{\partial^2 u_z}{\partial x^2} \right) + \mu \left(\dfrac{\partial^2 u_z}{\partial y^2} + \dfrac{\partial^2 u_y}{\partial z \partial y} \right) + \rho f_z + \dfrac{\partial p}{\partial z} \end{cases} \tag{3-53}$$

因 $\nabla \cdot v = \dfrac{\partial u_x}{\partial x} + \dfrac{\partial u_y}{\partial y} + \dfrac{\partial u_z}{\partial z} = 0$，

将 $\nabla \cdot v$ 对 x 求导得：

$$\dfrac{\partial^2 u_x}{\partial x^2} + \dfrac{\partial^2 u_y}{\partial y \partial x} + \dfrac{\partial^2 u_z}{\partial z \partial x} = 0 \tag{3-54}$$

将上式两边加上 $\dfrac{\partial^2 u_x}{\partial x^2}$，再同乘以 μ，则有：

$$2\mu \dfrac{\partial^2 u_x}{\partial x^2} = \mu \dfrac{\partial^2 u_x}{\partial x^2} - \mu \dfrac{\partial^2 u_y}{\partial x \partial y} - \mu \dfrac{\partial^2 u_z}{\partial x \partial z} \tag{3-55}$$

则式（3-53）中第一式可化为：

$$\rho \dfrac{\mathrm{d}u_x}{\mathrm{d}t} = \mu \left(\dfrac{\partial^2 u_x}{\partial x^2} + \dfrac{\partial^2 u_x}{\partial y^2} + \dfrac{\partial^2 u_x}{\partial z^2} \right) + \rho f_x + \dfrac{\partial p}{\partial x} \tag{3-56}$$

即为：

$$\rho \dfrac{\mathrm{d}u_x}{\mathrm{d}t} = \mu \nabla^2 u_x + \rho f_x + \dfrac{\partial p}{\partial x} \tag{3-57}$$

式中，∇^2 为拉普拉斯算子，对任意的 $\nabla^2 \cdot A = \dfrac{\partial^2 A}{\partial x^2} + \dfrac{\partial^2 A}{\partial y^2} + \dfrac{\partial^2 A}{\partial z^2}$。

同样在 y 轴方向上有：

$$\rho \frac{\mathrm{d}u_y}{\mathrm{d}t} = \mu \nabla^2 \cdot u_y + \rho f_y + \frac{\partial p}{\partial y} \tag{3-58}$$

在 z 轴方向上有：

$$\rho \frac{\mathrm{d}u_z}{\mathrm{d}t} = \mu \nabla^2 \cdot u_z + \rho f_z + \frac{\partial p}{\partial z} \tag{3-59}$$

式（3-57）、式（3-58）、式（3-59）即为无风掘进巷内气体运移所遵循的动量守恒规律。

3.2.3　无风掘进巷瓦斯输运的伯努利控制方程

无风掘进巷内气体的运移规律仍然遵循能量方程[19]。为了描述气体的运移规律，前期将气体假设为理想气体，忽略气体中的剪应力，后期时考虑实际情况引入修正系数，使之与实际情况相符。

选取一个微元六面体，边长为 $\mathrm{d}x$、$\mathrm{d}y$、$\mathrm{d}z$，如图 3-5 所示。

首先针对 x 轴方向上分析，得出的结论规律同样适用于 y 和 z 方向。

在 x 轴方向阻隔氮气产生的负压为 p_{x1}，其余各项产生的压力为 p_x'，不妨用 p 来等效 p_{x1} 与 p_x' 在 x 轴方向的合力作用。由于理想气体中不考虑剪应力，故仅分析微元六面体 x 方向上的质量力和压力。

作用于微元体前表面的压力为：$p\mathrm{d}y\mathrm{d}z$。

作用于微元体后表面的压力为：

$\left(p + \dfrac{\partial p}{\partial x}\mathrm{d}x\right)\mathrm{d}y\mathrm{d}z$。

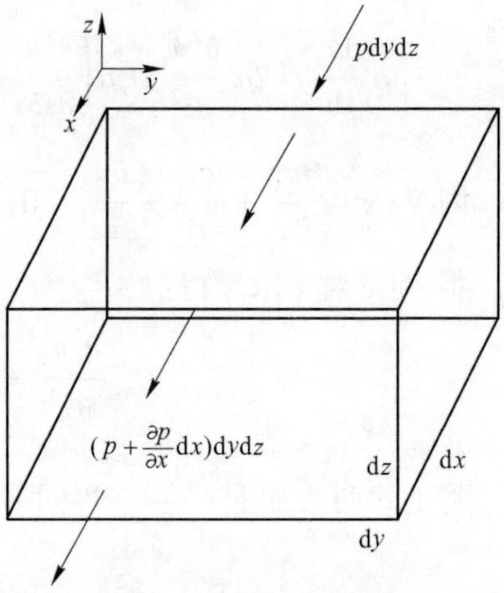

图 3-5　微元体受力示意图

则 x 轴方向上微元体所受压力之和为：

$$p\mathrm{d}y\mathrm{d}z - \left(p + \frac{\partial p}{\partial x}\mathrm{d}x\right)\mathrm{d}y\mathrm{d}z = -\frac{\partial p}{\partial x}\mathrm{d}x\mathrm{d}y\mathrm{d}z$$

而作用于微元六面体的质量力，假定沿 x 轴方向上单位质量的质量力为 X，于是 x 轴方向上总的质量力为 $X\rho\mathrm{d}x\mathrm{d}y\mathrm{d}z$。

由于气场中含有阻隔气幕的压力影响，气体必然产生加速度。由牛顿第二定律 $F = ma$ 可得，微元六面体在 x 轴方向上所受质量力与压力之和应为气体质量与加速度之积，假定气体密度为 ρ，x 轴方向上速度为 u_x，则满足方程：
$$X\rho\mathrm{d}x\mathrm{d}y\mathrm{d}z - \frac{\partial p}{\partial x}\mathrm{d}x\mathrm{d}y\mathrm{d}z = \rho\mathrm{d}x\mathrm{d}y\mathrm{d}z\frac{\partial u_x}{\partial t} \tag{3-60}$$

等式两边同时除以 $\rho\mathrm{d}x\mathrm{d}y\mathrm{d}z$ 得：

$$X - \frac{1}{\rho}\frac{\partial p}{\partial x} = \frac{\mathrm{d}u_x}{\mathrm{d}t} \tag{3-61}$$

同样，对于微元六面体在 y 轴方向上和 z 轴方向上有：

$$Y - \frac{1}{\rho}\frac{\partial p}{\partial y} = \frac{\mathrm{d}u_y}{\mathrm{d}t} \tag{3-62}$$

$$Z - \frac{1}{\rho}\frac{\partial p}{\partial z} = \frac{\mathrm{d}u_z}{\mathrm{d}t} \tag{3-63}$$

因为在流场中气体速度是关于 x、y、z、t 的函数，故有：

$$\begin{cases} \dfrac{\mathrm{d}u_x}{\mathrm{d}t} = \dfrac{\partial u_x}{\partial x}\dfrac{\mathrm{d}x}{\mathrm{d}t} + \dfrac{\partial u_x}{\partial y}\dfrac{\mathrm{d}y}{\mathrm{d}t} + \dfrac{\partial u_x}{\partial z}\dfrac{\mathrm{d}z}{\mathrm{d}t} + \dfrac{\partial u_x}{\partial t} = \mu_x\dfrac{\partial u_x}{\partial x} + \mu_y\dfrac{\partial u_x}{\partial y} + \mu_z\dfrac{\partial u_x}{\partial z} + \dfrac{\partial u_x}{\partial t} \\[2mm] \dfrac{\mathrm{d}u_y}{\mathrm{d}t} = \dfrac{\partial u_y}{\partial x}\dfrac{\mathrm{d}x}{\mathrm{d}t} + \dfrac{\partial u_y}{\partial y}\dfrac{\mathrm{d}y}{\mathrm{d}t} + \dfrac{\partial u_y}{\partial z}\dfrac{\mathrm{d}z}{\mathrm{d}t} + \dfrac{\partial u_y}{\partial t} = \mu_x\dfrac{\partial u_y}{\partial x} + \mu_y\dfrac{\partial u_y}{\partial y} + \mu_z\dfrac{\partial u_y}{\partial z} + \dfrac{\partial u_y}{\partial t} \\[2mm] \dfrac{\mathrm{d}u_z}{\mathrm{d}t} = \dfrac{\partial u_z}{\partial x}\dfrac{\mathrm{d}x}{\mathrm{d}t} + \dfrac{\partial u_z}{\partial y}\dfrac{\mathrm{d}y}{\mathrm{d}t} + \dfrac{\partial u_z}{\partial z}\dfrac{\mathrm{d}z}{\mathrm{d}t} + \dfrac{\partial u_z}{\partial t} = \mu_x\dfrac{\partial u_z}{\partial x} + \mu_y\dfrac{\partial u_z}{\partial y} + \mu_z\dfrac{\partial u_z}{\partial z} + \dfrac{\partial u_z}{\partial t} \end{cases} \tag{3-64}$$

且有：
$$\begin{cases} \dfrac{\mathrm{d}x}{\mathrm{d}t} = u_x \\[2mm] \dfrac{\mathrm{d}y}{\mathrm{d}t} = u_y \\[2mm] \dfrac{\mathrm{d}z}{\mathrm{d}t} = u_z \end{cases}, \qquad 即：\begin{cases} \mathrm{d}x = u_x\mathrm{d}t \\[1mm] \mathrm{d}y = u_y\mathrm{d}t \\[1mm] \mathrm{d}z = u_z\mathrm{d}t \end{cases} \tag{3-65}$$

$\mathrm{d}x$、$\mathrm{d}y$、$\mathrm{d}z$ 分别乘式（3-61）、式（3-62）、式（3-63）等式的左边，$\mu_x\mathrm{d}t$、$\mu_y\mathrm{d}t$、$\mu_z\mathrm{d}t$ 分别乘式（3-61）、式（3-62）、式（3-63）等式的右边，然后再相加，于是：

$$\left(X - \frac{1}{\rho}\frac{\partial p}{\partial x}\right)\mathrm{d}x + \left(Y - \frac{1}{\rho}\frac{\partial p}{\partial y}\right)\mathrm{d}y + \left(Z - \frac{1}{\rho}\frac{\partial p}{\partial z}\right)\mathrm{d}z = \frac{\mathrm{d}u_x}{\mathrm{d}t}u_x\mathrm{d}t + \frac{\mathrm{d}u_y}{\mathrm{d}t}u_y\mathrm{d}t + \frac{\mathrm{d}u_z}{\mathrm{d}t}u_z\mathrm{d}t \tag{3-66}$$

化简后得：

$$(X\mathrm{d}x + Y\mathrm{d}y + Z\mathrm{d}z) - \frac{1}{\rho}\left(\frac{\partial p}{\partial x}\mathrm{d}x + \frac{\partial p}{\partial y}\mathrm{d}y + \frac{\partial p}{\partial z}\mathrm{d}z\right)$$
$$= u_x\mathrm{d}t\frac{\mathrm{d}u_x}{\mathrm{d}t} + u_y\mathrm{d}t\frac{\mathrm{d}u_y}{\mathrm{d}t} + u_z\mathrm{d}t\frac{\mathrm{d}u_z}{\mathrm{d}t} \tag{3-67}$$

假定存在函数 G，并且满足：

$$dG = Xdx + Ydy + Zdz \tag{3-68}$$

研究的流体为理想流体，其流动为稳定流动，则压强 p 不随时间变化，即：$\dfrac{dp}{dt} = 0$，且有

$$\frac{dp}{dt} = \frac{\partial p}{\partial x}\frac{dx}{dt} + \frac{\partial p}{\partial y}\frac{dy}{dt} + \frac{\partial p}{\partial z}\frac{dz}{dt}$$

$$dp = \frac{\partial p}{\partial x}dx + \frac{\partial p}{\partial y}dy + \frac{\partial p}{\partial z}dz \tag{3-69}$$

于是：

$$\frac{1}{\rho}\left(\frac{\partial p}{\partial x}dx + \frac{\partial p}{\partial y}dy + \frac{\partial p}{\partial z}dz\right) = \frac{1}{\rho}dp \tag{3-70}$$

如果流体为没有被压缩的流体，密度 ρ 为常数，有：$\dfrac{1}{\rho}dp = d\left(\dfrac{p}{\rho}\right)$，则可推导出：

$$u_x dt \frac{du_x}{dt} + u_y dt \frac{du_y}{dt} + u_z dt \frac{du_z}{dt}$$

$$= u_x du_x + u_y du_y + u_z du_z \tag{3-71}$$

$$= d\left(\frac{u_x^2 + u_y^2 + u_z^2}{2}\right) = d\left(\frac{u^2}{2}\right)$$

于是式（3-68）可化为：

$$dG - d\left(\frac{p}{\rho}\right) = d\left(\frac{u^2}{2}\right) \tag{3-72}$$

即：

$$d\left(G - \frac{p}{\rho} - \frac{u^2}{2}\right) = 0 \tag{3-73}$$

于是有：

$$G - \frac{p}{\rho} - \frac{u^2}{2} = \text{constant} \tag{3-74}$$

对于理想气体，假定作用于气体的质量力只有重力，建立空间坐标系，规定竖直向上为 z 轴正方向，则有 $G = -gz$，且 $z = \dfrac{mgz}{mg}$ 表示单位重量所具有的位能，于是气体稳定流动方程可表示为：

$$-gz_1 - \frac{p_1}{\rho} - \frac{u_1^2}{2} = -gz_2 - \frac{p_2}{\rho} - \frac{u_2^2}{2} \tag{3-75}$$

因 $\gamma = \rho g$ 有 $\dfrac{p}{\rho g} = \dfrac{p}{\gamma}$ 表示单位重量气体所具有的压能，$\dfrac{u^2}{2g} = \dfrac{\frac{1}{2}mu^2}{mg}$ 表示单位重

量气体所具有的动能。

上式化简得：

$$z_1 + \frac{p_1}{\gamma} + \frac{u_1^2}{2g} = z_2 + \frac{p_2}{\gamma} + \frac{u_2^2}{2g} \qquad (3-76)$$

对整个流体而言，假定其截面面积分别为 A 和 B，任取其微元流束截面面积为 $\mathrm{d}A$、$\mathrm{d}B$，巷道内实际气体在运移过程中，必然产生黏性阻力，气体克服黏性阻力而做功，必然消耗掉一部分机械能，因此，流束的机械能是减小的，即对于每个微元流束机械能都不断转化成其他能量。

如图 3-6 所示，任取一微元流束，在左侧断面单位重量流束所具有的位能为 z_1，压能为 $\frac{p_1}{\gamma}$，动能为 $\frac{u_1^2}{2g}$；在右侧断面处，单位重量流束所具有的位能为 z_2，压能为 $\frac{p_2}{\gamma}$，动能为 $\frac{u_2^2}{2g}$。考虑实际气体的黏性力，于是有：

$$z_1 + \frac{p_1}{\gamma} + \frac{u_1^2}{2g} > z_2 + \frac{p_2}{\gamma} + \frac{u_2^2}{2g} \qquad (3-77)$$

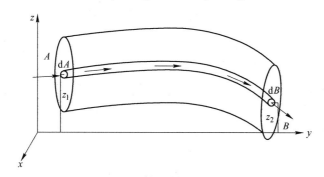

图 3-6　流体流束分析示意图

用 h'_w 表示任取微元流束由左侧断面流到右侧断面损失的能量，则式（3-77）可写为：

$$z_1 + \frac{p_1}{\gamma} + \frac{u_1^2}{2g} = z_2 + \frac{p_2}{\gamma} + \frac{u_2^2}{2g} + h'_w \qquad (3-78)$$

式（3-78）为微元流束在考虑实际黏性力时的能量方程。对于整个流体断面而言，其能量方程对上式积分可得：

$$E = \int \left(z_1 + \frac{p_1}{\gamma} + \frac{u_1^2}{2g} \right) g\rho\mu_1 \mathrm{d}A = \int \left(z_1 + \frac{p_1}{\gamma} + \frac{u_1^2}{2g} \right) \gamma\mu_1 \mathrm{d}A \qquad (3-79)$$

在巷道中流动的空气，可认为：$z_1 + \frac{p_1}{\gamma} = \mathrm{constant}$

于是：

$$E = \int \left(z_1 + \frac{p_1}{\gamma} + \frac{u_1^2}{2g} \right) \gamma \mu_1 \mathrm{d}A = \int \left(z_1 + \frac{p_1}{\gamma} \right) \gamma \mu_1 \mathrm{d}A + \int \frac{u_1^2}{2g} \gamma \mu_1 \mathrm{d}A$$

$$= \left(z_1 + \frac{p_1}{\gamma} \right) \int \gamma \mu_1 \mathrm{d}A + \int \frac{u_1^2}{2g} \gamma \mu_1 \mathrm{d}A \tag{3-80}$$

$$= \left(z_1 + \frac{p_1}{\gamma} \right) \gamma Q_A + \int \frac{u_1^2}{2g} \gamma \mu_1 \mathrm{d}A$$

在现实情况下不可能把每个微元的瞬时速度求出并独立计算各个能量方程，因此用平均速度 v_1 代替真实速度 u_1，并引入修正系数 C，有：

$$\int \frac{u_1^2}{2g} \gamma \mu_1 \mathrm{d}A = \frac{\gamma}{2g} \int u_1^3 \mathrm{d}A = \frac{\gamma}{2g} C v_1^3 A = C \frac{v_1^2}{2g} \gamma Q_A \tag{3-81}$$

由于在巷道中加入氮气幕使得混合气体在断面流速不均匀，其修正系数 C 随着流速不均匀度增大而增大。一般而言，在紊流状态下，修正系数 $C = 1$。而巷道混合风流一般都属于紊流，故对于图 3-6 中的流束有：

左侧断面：$E_A = \left(z_1 + \dfrac{p_1}{\gamma} + \dfrac{u_1^2}{2g} \right) \gamma Q_{\mathrm{A}}$

右侧断面：$E_B = \left(z_2 + \dfrac{p_2}{\gamma} + \dfrac{u_2^2}{2g} \right) \gamma Q_{\mathrm{B}}$

在同一时间内流经左右断面的流量是相同的，于是：$Q_A = Q_B = Q$，则，

左侧断面：$E_A = \left(z_1 + \dfrac{p_1}{\gamma} + \dfrac{u_1^2}{2g} \right) \gamma Q$

右侧断面：$E_B = \left(z_2 + \dfrac{p_2}{\gamma} + \dfrac{u_2^2}{2g} \right) \gamma Q$

而由 $\mathrm{d}A$ 到 $\mathrm{d}B$ 微元束能量损失为 h_w'，整个断面内能量损失为：

$$E_{损} = \int h_\mathrm{w}' \gamma \mathrm{d}Q \tag{3-82}$$

对于整个断面根据能量守恒定律：

$$\left(z_1 + \frac{p_1}{\gamma} + \frac{u_1^2}{2g} \right) \gamma Q = \left(z_2 + \frac{p_2}{\gamma} + \frac{u_2^2}{2g} \right) \gamma Q + E_{损} \tag{3-83}$$

不妨令 $h_w' = \dfrac{E_{损}}{\gamma Q}$，于是实际气体的能量方程为：

$$z_1 + \frac{p_1}{\gamma} + \frac{v_1^2}{2g} = z_2 + \frac{p_2}{\gamma} + \frac{v_2^2}{2g} + h_\mathrm{w}' \tag{3-84}$$

式（3-84）即为无风掘进巷内气体流动过程中的能量控制方程。

3.2.4 无风巷内混合场的组分方程

由于初始环境为氮气环境以及氮气幕的正压及阻隔作用，巷道内的气体为瓦斯和氮气的混合物[19]，对于瓦斯在氮气中的定常流动，在 x 方向上瓦斯守恒方程式可以写成：

$$\frac{\partial}{\partial x}\left(\varphi Y_{CH_4} - \rho D \frac{dY_{CH_4}}{dx}\right) = m_{CH_4} \tag{3-85}$$

式中，φ 为混气总质量通量，$kg/(m^2 \cdot s)$；ρ 为混气密度，kg/m^3；m_{CH_4} 为组分瓦斯的净生成率，$kg/(m^2 \cdot s)$，若为无源场，则 $m_{CH_4} = 0$；D 为扩散系数，m^2/s；Y_{CH_4} 为组分瓦斯的质量分数，%。

又无源场定常流动中组分的质量守恒方程的表达式为：

$$\frac{\partial \rho Y_{CH_4}}{\partial t} + \nabla \cdot \varphi_{CH_4} = \varphi_{CH_4} \tag{3-86}$$

式中，φ_{CH_4} 为瓦斯气体的质量通量，$kg/(m^2 \cdot s)$。

对于质量通量 φ_{CH_4}，可用瓦斯气体的质量平均速度 $\bar{v}_{CH_4}$ 表示，则有：

$$\varphi_{CH_4} = \rho Y_{CH_4} \bar{v}_{CH_4} \tag{3-87}$$

对于混气的质量通量 φ 有：

$$\varphi = \varphi_{N_2} + \varphi_{CH_4} = \rho Y_{N_2} \bar{v}_{N_2} + \rho Y_{CH_4} \bar{v}_{CH_4} \tag{3-88}$$

根据 $\varphi = \rho \bar{v}$，所以有质量平均速度 $\bar{v}$ 为：

$$\bar{v} = Y_{N_2} \bar{v}_{N_2} + \rho Y_{CH_4} \bar{v}_{CH_4} \tag{3-89}$$

瓦斯气体的扩散速度等于组分速度与质量平均速度 u 之差，即

$$v_{CH_4, diff} = \bar{v}_{CH_4} - u \tag{3-90}$$

因此有扩散通量：

$$\varphi_{CH_4, diff} = \rho Y_{CH_4} v_{CH_4, diff} = \rho Y_{CH_4}(v_{CH_4} - u) \tag{3-91}$$

组分总的质量通量等于对流通量和扩散通量之和，有：

$$\varphi_{CH_4} = \varphi Y_{CH_4} + \varphi_{CH_4, diff} \tag{3-92}$$

若写成微分形式，将组分扩散速度 $v_{CH_4, diff}$ 和质量分数 Y_{CH_4} 代入得：

$$\frac{\partial \rho Y_{CH_4}}{\partial t} + \nabla \cdot [\rho Y_{CH_4}(v_{CH_4, diff} + u)] = \varphi_{CH_4} \tag{3-93}$$

代入菲克第二定律：

$$\frac{\partial C}{\partial t} = \frac{\partial}{\partial x}\left(D \times \frac{\partial C}{\partial x}\right) \tag{3-94}$$

计算得：

$$\frac{\partial \rho Y_{CH_4}}{\partial t} + \nabla \cdot (\rho Y_{CH_4} u - D \nabla Y_{CH_4}) = \varphi_{CH_4} \qquad (3\text{-}95)$$

此即为瓦斯–氮气混合气体中，瓦斯气体组分在 x 方向的运移方程。

3.3　无风掘进巷瓦斯扩散运移规律研究

当各区域在联通截面上气体压力相同时，气体无相对流动，仅仅是在浓度差作用下进行扩散。无风掘进巷由风门阻挡后，风门位置的缝隙与胶带口成为了瓦斯泄漏的通道。瓦斯上方实际泄漏源宽度、长度较小，可以看做是线源（风门上方与顶板间的缝隙）和有限范围的胶带口面源[20]。线源距离地面 H，距离顶板 d，巷道宽 L，如图 3-7 所示。

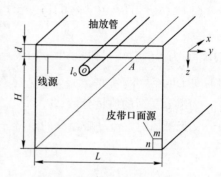

图 3-7　瓦斯泄漏示意图

3.3.1　基于菲克定律及高斯烟团模型的缝隙线源扩散规律

在图 3-7 中，在 y 方向上无浓度梯度差，故在计算模型上可简化为 (x, z) 二维空间中点源求解而后再积分求和，推导出三维模型中的规律。根据菲克第二定律，有：

$$\frac{\partial c}{\partial t} = D_x \frac{\partial^2 c}{\partial x^2} + D_z \frac{\partial^2 c}{\partial z^2} \qquad (3\text{-}96)$$

式中，D_x、D_z 为 x、z 方向上的扩散系数，m^2/s。

由于实际空间中气体视为两向同性，所以 $D_x = D_z = D$，上式变为

$$\frac{\partial c}{\partial t} = D\left(\frac{\partial^2 c}{\partial x^2} + \frac{\partial^2 c}{\partial z^2}\right) \qquad (3\text{-}97)$$

混合气中氮气和瓦斯之间的扩散系数：

$$D = \frac{435.7 \times T^{\frac{3}{2}}}{p \times \left[(\Sigma V_{CH_4})^{\frac{1}{3}} + (\Sigma V_{N_2})^{\frac{1}{3}}\right]^2} \times \sqrt{\frac{1}{\mu_A} + \frac{1}{\mu_B}} \qquad (3\text{-}98)$$

式中，μ_A、μ_B 为瓦斯、氮气的气体摩尔质量，g/mol；p 为环境压力，kPa；T 为环境温度，K；ΣV_{CH_4}，ΣV_{N_2} 为瓦斯、氮气分子扩散体积。

现场及实验中温度、压力、气体总体积及动力黏度不变或变化很小，故扩散系数 D 在本文研究中可视为定值。

在 (x, z) 二维空间中，若 $t = 0$ 时刻，设原点处浓度为 M_1，则描述此扩散问题的方程组为[21,22]：

$$\begin{cases} \dfrac{\partial c}{\partial t} = D\left(\dfrac{\partial^2 c}{\partial x^2} + \dfrac{\partial^2 c}{\partial z^2} \right) \\ c(x, z, 0) = M_1 \delta(0, 0) \end{cases} \tag{3-99}$$

此问题可以用傅里叶变换方法求解。其中，δ 为狄拉克（Dirac）函数，$\delta(0, 0)$ 表示在（0, 0）点处的密度分布，狄拉克函数满足以下两个性质：

（1）$\delta(x, y) \neq 0(x \neq 0, y \neq 0)$。

（2）$\iint \delta(x, y)\mathrm{d}x\mathrm{d}y = 1$。

对 $c(x、z、t)$ 利用傅里叶变换：

$$\tilde{c}(x, z, t) = g(\lambda_x, \lambda_z, t) = \int_{-\infty}^{+\infty} \int_{-\infty}^{+\infty} c(x, z, t) \times \mathrm{e}^{-i(\lambda_x + \lambda_z)} \mathrm{d}\lambda_x \mathrm{d}\lambda_z \tag{3-100}$$

又 $\tilde{\delta} = 1$，代入方程组：

$$\begin{cases} \dfrac{\partial^2 c}{\partial x^2} = (-i\lambda_x)^2 \tilde{c} \\ \dfrac{\partial^2 c}{\partial z^2} = (-i\lambda_z)^2 \tilde{c} \end{cases} \tag{3-101}$$

所以可得：

$$\begin{cases} \dfrac{\partial \tilde{c}}{\partial t} = -D(\lambda_x^2 + \lambda_z^2) \tilde{c} \\ \tilde{c}(\lambda_x, \lambda_z, 0) = M_1 \end{cases} \tag{3-102}$$

方程 $\dfrac{\partial \tilde{c}}{\partial t} = -D(\lambda_x^2 + \lambda_z^2)$ 为一阶齐次线性微分方程，其通解形式为：

$$\tilde{c} = \text{constant} \times \mathrm{e}^{-\int (\lambda_x^2 + \lambda_z^2) D\mathrm{d}t} = \text{constant} \times \mathrm{e}^{-(\lambda_x^2 + \lambda_z^2)Dt} \tag{3-103}$$

由边界条件 $\tilde{c}(\lambda_x, \lambda_z, 0) = M_1$，则方程组的解为：

$$\tilde{c}(\lambda_x, \lambda_z, 0) = M_1 \times \mathrm{e}^{-(\lambda_x^2 + \lambda_z^2)Dt} \tag{3-104}$$

对其进行傅里叶逆变换，可推导出二维平面中心点源扩散的浓度方程为：

$$c(x, z, t) = M_1 \times \left(\frac{1}{2\sqrt{\pi D t}} \mathrm{e}^{-\frac{x^2}{4Dt}} \right) \times \left(\frac{1}{2\sqrt{\pi D t}} \mathrm{e}^{-\frac{z^2}{4Dt}} \right) = \frac{M_1}{4\pi Dt} \mathrm{e}^{-\frac{x^2+z^2}{4Dt}} \tag{3-105}$$

对于实际三维模型设单位时间内泄漏为 Q_1，则 $0 \sim t$ 时间内，全巷道瓦斯总量应与泄漏量 Q_1 相等，则

$$\int\limits_{\text{全空间}} c(x,\ z,\ t)\mathrm{d}x\mathrm{d}y\mathrm{d}z\mathrm{d}t = Q_1 t \tag{3-106}$$

即：

$$\int_0^t \int_{-\frac{L}{2}}^{\frac{L}{2}} \mathrm{d}y \int_{-\infty}^{+\infty} \mathrm{d}x \int_{-\infty}^{+\infty} c(x,\ z,\ t)\mathrm{d}z = Q_1 t \tag{3-107}$$

式中，L 为巷道宽。

代入 $c(x,\ z,\ t)$，积分得：

$$\int_0^t \int_{-\frac{L}{2}}^{\frac{L}{2}} \frac{M}{4\pi Dt}\mathrm{d}y \int_{-\infty}^{+\infty} \mathrm{e}^{-\frac{x^2}{4Dt}}\mathrm{d}x \int_{-\infty}^{+\infty} \mathrm{e}^{-\frac{z^2}{4Dt}}\mathrm{d}z = \frac{M_1}{2}L = Q_1 t \tag{3-108}$$

故求得 $M_1 = \dfrac{2Q_1}{L}t$。

空间内浓度表达式：$c(x,\ z,\ t) = \dfrac{Q_1}{2\pi LD} \times \mathrm{e}^{-\frac{x^2+z^2}{4Dt}}$ $\qquad$ (3-109)

由于本文研究的巷道高度仅为 4m，且泄漏出的瓦斯量较小，气团从开始泄漏至停止上浮经历的时间较短，受到顶板限制后停止上浮，浮力影响减弱，开始向后方做扩散运移。此时重力作用效果不明显，故此处可以利用高斯烟团模型描述空间中瓦斯浓度的分布状况。

考虑瓦斯在 x，z 方向上的分布时，利用高斯烟团模型描述瓦斯在巷道中的分布状况。

二维正态分布表达式为：

$$f(x,\ z) = \frac{1}{2\pi \sigma_x \sigma_z} \times \mathrm{e}^{-\frac{(x-\mu_x)^2}{2\sigma_x^2} - \frac{(x-\mu_z)^2}{2\sigma_z^2}} \tag{3-110}$$

令 $\sigma^2 = \sigma_x^2 = \sigma_z^2 = 2Dt$，可根据高斯烟团模型，推导出无风掘进三维空间中瓦斯浓度分布：

$$c(x,\ z,\ t) = \frac{Q_1 t}{\pi L\sigma} \times \mathrm{e}^{-\frac{x^2+z^2}{2\sigma}} \tag{3-111}$$

3.3.2　基于菲克定律及高斯烟团模型的胶带口面源扩散规律

若烟团在 x 方向上运动且恒定速度 u，则三维空间中的菲克定律可写为：

$$\frac{\partial c}{\partial t} = -\mu \frac{\partial c}{\partial x} + D\left(\frac{\partial^2 c}{\partial x^2} + \frac{\partial^2 c}{\partial y^2} + \frac{\partial^2 c}{\partial z^2}\right) \tag{3-112}$$

设三维空间中原点处浓度为 M_2，则描述三维空间中扩散问题的方程组为：

$$\begin{cases} \dfrac{\partial c}{\partial t} = -\mu \dfrac{\partial c}{\partial x} + D\left(\dfrac{\partial^2 c}{\partial x^2} + \dfrac{\partial^2 c}{\partial y^2} + \dfrac{\partial^2 c}{\partial z^2}\right) \\ c(x,\ y,\ z,\ 0) = M\delta(0,\ 0,\ 0) \end{cases} \tag{3-113}$$

类似的，应用傅里叶变换，并有 $c(x, y, z, 0) = M_2\delta(0, 0, 0)$，解得：

$$c(x, y, z, t) = \frac{M_2}{8(\pi Dt)^{\frac{3}{2}}} \times e^{-\frac{(x-ut)^2+y^2+z^2}{4Dt}} \tag{3-114}$$

若放散面为 $m \times n$ 的矩形，四个角点坐标分别为 (m_1, n_1)，(m_1, n_2)，(m_2, n_1)，(m_2, n_2)，矩形中任一点坐标为 $(0, y_0, z_0)$，放散矩形面可视为由若干个点源叠加：

$$
\begin{aligned}
c_{\text{小面源}} &= \iint_{m \times n} \frac{M_2}{8(\pi Dt)^{\frac{3}{2}}} \times e^{-\frac{(x-ut)^2+(y-y_0)^2+(z-z_0)^2}{4Dt}} dy_0 dz_0 \\
&= \frac{M_2}{8(\pi Dt)^{\frac{3}{2}}} \times e^{-\frac{(x-ut)^2}{4Dt}} \times \int_{m_1}^{m_2} e^{-\frac{(y-y_0)^2}{4Dt}} dy_0 \times \int_{m_1}^{m_2} e^{-\frac{(z-z_0)^2}{4Dt}} dz_0 \\
&= \frac{M_2}{8(\pi Dt)^{\frac{3}{2}}} \times e^{-\frac{(x-ut)^2}{4Dt}} \times \frac{\sqrt{4\pi Dt}}{2}\left[\text{erf}\left(\frac{|y-m_2|}{2\sqrt{Dt}}\right) - \text{erf}\left(\frac{|y-m_1|}{2\sqrt{Dt}}\right)\right] \times \\
&\quad \frac{\sqrt{4\pi Dt}}{2}\left[\text{erf}\left(\frac{|z-n_2|}{2\sqrt{Dt}}\right) - \text{erf}\left(\frac{|z-n_1|}{2\sqrt{Dt}}\right)\right] \\
&= \frac{M_2}{8(\pi Dt)^{\frac{1}{2}}} \times e^{-\frac{(x-ut)^2}{4Dt}}\left[\text{erf}\left(\frac{|y-m_2|}{2\sqrt{Dt}}\right) - \text{erf}\left(\frac{|y-m_1|}{2\sqrt{Dt}}\right)\right] \times \\
&\quad \left[\text{erf}\left(\frac{|z-n_2|}{2\sqrt{Dt}}\right) - \text{erf}\left(\frac{|z-n_1|}{2\sqrt{Dt}}\right)\right]
\end{aligned}
\tag{3-115}
$$

其中，$\text{erf}(x) = \dfrac{2}{\sqrt{\pi}} \times \displaystyle\int_0^x e^{-\eta^2} d\eta$。

若单位时间内总放散速率为 Q_2，同理可得：$M_2 = \dfrac{Q_2}{2mn}t$。

瓦斯在 x，z 方向上的分布符合高斯分布，三维正态分布表达式为：

$$
\begin{aligned}
f(x, y, z) &= \frac{1}{2\pi\sigma_x\sigma_y\sigma_z} e^{-\frac{(x-\mu_x)^2}{2\sigma_x^2}-\frac{(x-\mu_y)^2}{2\sigma_y^2}-\frac{(x-\mu_z)^2}{2\sigma_z^2}} \\
&= \frac{1}{2\pi\sigma^3} e^{-\frac{(x-\mu_x)^2+(y-\mu_y)^2+(z-\mu_z)^2}{2\sigma^2}}
\end{aligned}
\tag{3-116}
$$

利用高斯烟团模型，令 $\sigma = \sigma_x = \sigma_y = \sigma_z = 2Dt$，所以：

$$
\begin{aligned}
c_{\text{面源}} &= \frac{M_2}{8\left(\frac{\pi\sigma^2}{2}\right)^{\frac{1}{2}}} \times e^{-\frac{(x-ut)^2}{2\sigma^2}}\left[\text{erf}\left(\frac{|y-m_2|}{\sqrt{2}\sigma}\right) - \text{erf}\left(\frac{|y-m_1|}{\sqrt{2}\sigma}\right)\right] \times \\
&\quad \left[\text{erf}\left(\frac{|z-n_2|}{\sqrt{2}\sigma}\right) - \text{erf}\left(\frac{|z-n_1|}{\sqrt{2}\sigma}\right)\right]
\end{aligned}
\tag{3-117}
$$

巷道中瓦斯的浓度分布是线源与小面源共同作用得到，即：

$$c_{总} = c_{线源} + c_{小面源} = \frac{Q_1 t}{\pi L \sigma} \times e^{-\frac{x^2 + z^2}{2\sigma}} + \frac{Q_2 t}{8\sigma mn\sqrt{2\pi}} \times e^{-\frac{(x-ut)^2}{2\sigma^2}} \times$$

$$\left[\text{erf}\left(\frac{|y - m_2|}{\sqrt{2}\,\sigma} \right) - \text{erf}\left(\frac{|y - m_1|}{\sqrt{2}\,\sigma} \right) \right] \times \left[\text{erf}\left(\frac{|z - n_2|}{\sqrt{2}\,\sigma} \right) - \text{erf}\left(\frac{|z - n_1|}{\sqrt{2}\,\sigma} \right) \right]$$

$$(3\text{-}118)$$

式（3-107）为半无限大空间中线源和小面源共同作用下的浓度分布表达式。而实际巷道并非无限大的空间，若设线源距离地面 H，距离顶板 d，并假设顶底板及两侧壁面对瓦斯均完全反弹，则空间中实际浓度为线源、小面源、顶底板和两侧面反弹的叠加，故无风掘进巷内浓度表达式为：

$$c_{实} = c_{实源} + c_{虚源} = c_{总} + c_{顶} + c_{底} + c_{左侧壁} + c_{右侧壁}$$

$$c_{顶} = \frac{Q_1 t}{\pi L \sigma} \times e^{-\frac{x^2 + (z+2d)^2}{2\sigma}} + \frac{Q_2 t}{8\sigma mn\sqrt{2\pi}} \times e^{-\frac{(x-ut)^2}{2\sigma^2}} \times \left[\text{erf}\left(\frac{|y - m_2|}{\sqrt{2}\,\sigma} \right) - \right.$$

$$\left. \text{erf}\left(\frac{|y - m_1|}{\sqrt{2}\,\sigma} \right) \right] \times \left[\text{erf}\left(\frac{|z + 2d - n_2|}{\sqrt{2}\,\sigma} \right) - \text{erf}\left(\frac{|z + 2d - n_1|}{\sqrt{2}\,\sigma} \right) \right]$$

$$c_{底} = \frac{Q_1 t}{\pi L \sigma} \times e^{-\frac{x^2 + (z-2H)^2}{2\sigma}} + \frac{Q_2 t}{8\sigma mn\sqrt{2\pi}} \times e^{-\frac{(x-ut)^2}{2\sigma^2}} \times \left[\text{erf}\left(\frac{|y - m_2|}{\sqrt{2}\,\sigma} \right) - \right.$$

$$\left. \text{erf}\left(\frac{|y - m_1|}{\sqrt{2}\,\sigma} \right) \right] \times \left[\text{erf}\left(\frac{|z - 2H - n_2|}{\sqrt{2}\,\sigma} \right) - \text{erf}\left(\frac{|z - 2H - n_1|}{\sqrt{2}\,\sigma} \right) \right]$$

$$c_{左侧壁} = \frac{Q_2 t}{8\sigma mn\sqrt{2\pi}} \times e^{-\frac{(x-ut)^2}{2\sigma^2}} \times \left[\text{erf}\left(\frac{|y + w - m_2|}{\sqrt{2}\,\sigma} \right) - \right.$$

$$\left. \text{erf}\left(\frac{|y + w - m_1|}{\sqrt{2}\,\sigma} \right) \right] \times \left[\text{erf}\left(\frac{|z - n_2|}{\sqrt{2}\,\sigma} \right) - \text{erf}\left(\frac{|z - n_1|}{\sqrt{2}\,\sigma} \right) \right]$$

$$c_{右侧壁} = \frac{Q_2 t}{8\sigma mn\sqrt{2\pi}} \times e^{-\frac{(x-ut)^2}{2\sigma^2}} \times \left[\text{erf}\left(\frac{|y - w - m_2|}{\sqrt{2}\,\sigma} \right) - \right.$$

$$\left. \text{erf}\left(\frac{|y - w - m_1|}{\sqrt{2}\,\sigma} \right) \right] \times \left[\text{erf}\left(\frac{|z - n_2|}{\sqrt{2}\,\sigma} \right) - \text{erf}\left(\frac{|z - n_1|}{\sqrt{2}\,\sigma} \right) \right]$$

$$(3\text{-}119)$$

式中，c 为浓度；u 为烟团在 x 方向上的速度，m/s；D 为扩散系数，m^2/s；σ 为正态分布标准差。

3.4　煤块空隙、衰减放散及胶带引流对瓦斯输运的影响

3.4.1　煤块空隙瓦斯泄漏规律

如图 3-8 所示，胶带运动速度为 $v_{胶}$，宽度为 $w_{胶}$，将运输过程视为连续均

匀过程，即胶带上煤块高度与间距在运输过程中保持均匀；令胶带运送的煤块平均高度为 $h_煤$，煤块间空隙率为 $\varphi_煤$ 且保持恒定。假设煤块空隙中所含气体在穿过胶带口处瞬间释放，其中瓦斯体积分数为 n，则有：

$$Q_{空隙} = v_胶 \times w_胶 \times h_煤 \times \varphi_煤 \times n \tag{3-120}$$

$Q_{空隙}$ 即为单位时间内煤块空隙引起的瓦斯泄漏量。

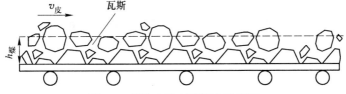

图 3-8 煤块空隙瓦斯放散示意图

3.4.2 煤块衰减放散瓦斯泄漏规律

假定煤块流经第一道胶带口的瓦斯含量为 $q_初$，在经过第一、第二道风门的 t_1 到 t_2 的这段时间内，放散的瓦斯量[11]为：

$$Q_放 = \int_{t_1}^{t_2} \frac{q_初}{(1+t)^{\alpha_1}} \tag{3-121}$$

在经过第二、第三道风门时 t_2 到 t_3 的时间内，放散的瓦斯量为：

$$Q_{放1} = \int_{t_1}^{t_2} \frac{q_{初1} - Q_放}{(1+t)^{\alpha_1}} \tag{3-122}$$

$$\vdots$$

在遵循瓦斯衰减放散规律的基础上，下一区域的瓦斯初始放散强度为上一区域的残余瓦斯含量，放散量随时间呈现逐级递减的趋势。由于在经过第一道胶带口处的瓦斯初始涌出强度是经过掘进和转载等多种扰动及一定距离放散后的残余瓦斯含量，因此在经过两风门间区域的过程中，放散的瓦斯量很小。

3.4.3 胶带引流瓦斯泄漏规律

胶带引流如图 3-9 所示，若将运输视为连续过程，煤块具有平均高度 $h_煤$，胶带宽 $w_胶$，胶带运行速度为 $v_胶$，则在紧贴煤块上方气体速度也为 $v_胶$。由于实际气体存在一定的黏度，流速在 y 方向上逐渐减少，在足够远处减少为零。如果规定流速减小为原来的 $m\%$ 作为胶带引流的影响界限，剩余区域内由于速度梯度较小，对流场的影响可以忽略，则可将速度由 $v_皮$ 至 $m\% \times v_皮$ 这一区域视为胶带引流影响范围，其高度为 δ，可表示为：

$$\delta = y \mid_{v_胶}^{m \times v_胶} \tag{3-123}$$

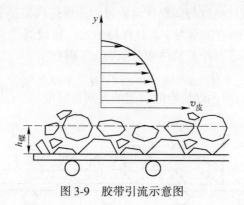

图 3-9 胶带引流示意图

令影响范围内平均速度为 u_0，则单位时间内，胶带引流引起的瓦斯泄漏量为：

$$Q_引 = u_0 \times w_胶 \times \delta + 2 \times u_0 \times h_煤 \times \delta \tag{3-124}$$

3.5 无风掘进巷瓦斯阻隔调控

3.5.1 联动调控阻隔瓦斯

针对无风掘进巷内瓦斯的流动、扩散以及胶带引流所形成的瓦斯泄漏规律，采取风门硬阻挡–抽采动态调压–氮气幕软阻隔的联动方式控制瓦斯。当在氮气幕阻隔区监测到瓦斯后，开启氮气幕，同时增大抽采量，抽采前方高浓度区域内的瓦斯；待监测阻到隔区内的瓦斯浓度降低后，降低抽采速度及氮气幕的出口速度。当阻隔区内瓦斯浓度再次升高时，重复前述过程。通过这种动态调节方法，保证后方效果检测区内的瓦斯浓度达到安全阈值（1%）以下。

在初始掘进阶段，随着掘进作业的进行，瓦斯不断地涌出，迎头附近气体压力不断升高，与后方区域产生压差，瓦斯向后方区域运移。

缓冲区内氮气较多，瓦斯与氮气混合的同时，向巷道上方继续运移，在多种阻力和碰撞作用下，运移速度逐渐减小，运动趋势减弱，到达顶板后在顶板处积聚，驱赶缓冲区内部的原有氮气，以混气的形式逐渐扩散泄漏至氮气幕阻隔区。

当阻隔区氮气幕，监测到瓦斯时，依据氮气幕射流卷吸速度与氮气幕浓度的关系，加大氮气幕出口速度，阻隔瓦斯向后方运移；同时增加抽采负压，提高瓦斯抽采量，使由阻隔区瓦斯向高浓度区流动。

由于高浓度瓦斯抽采区内气体流场的影响因素较多，所以在掘进距离较小的情况下，难以实现第一道风门胶带口处的压力平衡，需要调节缓冲区压力略大于高浓度瓦斯区的压力，尽量避免瓦斯泄漏至后方区域。

当胶带口处相邻两个区域间气体压力相等时，气体不再发生流动，仅存在由浓度梯度作用下的自由扩散运移。自由扩散过程相对较慢,遵循菲克定律,这部分气体可以采用氮气幕软阻隔的方式进行控制。

3.5.2 氮气幕射流卷吸阻隔瓦斯

当瓦斯胶带口处监测到瓦斯时,开启气幕机利用氮气射流卷吸阻隔瓦斯,如图 3-10 所示,射流喷出量与卷吸气体量满足如下关系[23,24]:

$$\frac{m_e}{m_j} = \lambda \left(\frac{\rho_1}{\rho_2}\right)^{\frac{1}{2}} \times \frac{l}{b} - 1 \tag{3-125}$$

式中,m_e 为射流卷吸周围气体质量率,kg/s;m_j 为射流质量率,kg/s;ρ_1 为周围气体密度,kg/m³;ρ_2 为射流气体密度,kg/m³;l 为气幕流中气体到氮气幕出口的距离,m;b 为气幕喷嘴短边长度,m;λ 为系数。

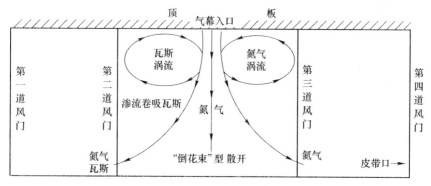

图 3-10 氮气幕射流卷吸示意图

若在胶带口处布设监测点,根据监测结果设定气幕喷吹氮气的速度,使通过胶带口处进入阻隔区内的瓦斯全部被卷吸阻隔,可推导出:

$$\iint\limits_{\text{胶带口}} c\rho_{CH_4}v\mathrm{d}s = m_{CH_4} = m_{N_2} \times \left[\lambda \left(\frac{\rho_1}{\rho_2}\right)^{\frac{1}{2}} \times \frac{l_0}{b_0} - 1\right] \tag{3-126}$$

式中,m_{CH_4} 为卷吸瓦斯质量率,kg/s;m_{N_2} 为喷吹氮气质量率,kg/s;c 为监测点瓦斯浓度,%;ρ_{CH_4} 为瓦斯密度,kg/m³;ρ_1 为周围气体密度,kg/m³;ρ_2 为射流气体密度,kg/m³;v 为泄露气体通过胶带口速度,m/s;l_0 为胶带口中心点与氮气幕出口高度差,m;b_0 为氮气幕出口短边长度,m。

对于式(3-126)中喷吹氮气质量率,可写为:

$$m_{N_2} = \rho_{N_2} \times q_{N_2} = \rho_{N_2} \times v_{气幕} \times w_{巷道} \times b_0 \tag{3-127}$$

式中,m_{N_2} 为喷吹氮气质量率,kg/s;q_{N_2} 为喷吹氮气流量,m³/s;ρ_{N_2} 为氮气密度,kg/m³;$v_{气幕}$ 为氮气喷吹速度,m/s;$w_{巷道}$ 为巷道宽度,m;b_0 为氮气幕出口短边长度,m;$w_{巷道} \times b_0$ 即为气幕喷吹口面积。

式（3-127）代入式（3-126），即可求得对于一定瓦斯泄漏量时，气幕大小及氮气喷吹速度等相关参数。速度为：

$$v_{气幕} = \frac{\iint\limits_{胶带口} c\rho_{CH_4}v\mathrm{d}s}{\rho_{N_2} \times w_{巷道} \times b_0 \times \left[\lambda\left(\dfrac{\rho_1}{\rho_2}\right)^{\frac{1}{2}} \times \dfrac{l}{b} - 1\right]} \tag{3-128}$$

3.6 绕道巷氧气阻隔机理研究

3.6.1 风门开启状态下氧气阻隔模型

通过设立三道风门，将绕道巷划分为轨道集中巷–绕道区、缓冲区、正压氮气区、氮气区四个区间，如图 3-11 所示。

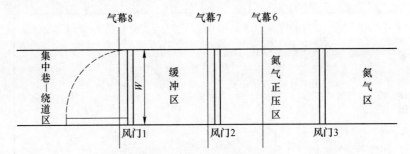

图 3-11 绕道巷氧阻隔示意图

当风门开启时，轨道集中巷–绕道区与缓冲区内的流场会在短时间内发生较大变化，两个区域内的气流会对向流动，形成旋涡。为避免集中巷内氧气进入缓冲区，在开启风门前（图 2-1 氮气幕 8 下方的风门），预先启动布设在绕道处第一道风门上方的氮气幕（图 2-1 中气幕 8），驱替绕道口处的空气，在绕道口附近形成氮气环境。同时，开启缓冲区的氮气幕（图 2-1 中气幕 7），增大氮气幕正压区内的气体压力（图 2-1 中气幕 6），从而保证在开启第一道风门时，风门前后两个区域间相互流动的气体全为氮气，避免空气进入缓冲区。

随后关闭第一道风门。在开启第二道风门前，启动其上方的氮气幕，同时继续增大正压区的氮气幕，阻隔缓冲区内的气体流入氮气正压区，如图 3-11 所示。在风门开启全过程中，通过多道气幕的联动作用，实现对氧气的完全阻隔，确保氧气不进入掘进巷内。

风门开启过程中会导致周围压力改变而引起流场的变化。如图 3-12 和图 3-13 所示。若门的宽度为 R，当门转过角度为 $\mathrm{d}\theta$ 时，其转过的面积 $\mathrm{d}S$ 为：

$$dS = \frac{d\theta}{2}R^2 \tag{3-129}$$

若门的高度为 H，则其挤压气体的体积 dV 为：

$$dV = dS \times H = \frac{d\theta}{2}HR^2 \tag{3-130}$$

开启风门过程中，风门的角速度先增大后减小。假设风门开启加速过程中，角加速度为 α。由于风门的转动其两侧压力不断变化，导致气体流动形成漩涡。此过程中影响风门两侧压差的物理量有：风门高度 H、风门宽度 R、角加速度 α、气体密度 ρ，由量纲分析法可推知，由风门旋转引起的压力差 p 为：

$$p = \frac{k}{\pi}\rho HR\alpha \tag{3-131}$$

式中，k 为系数。

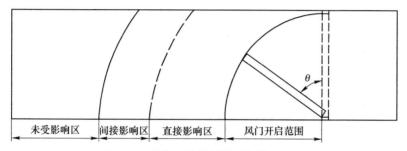

图 3-12 风门开启旋转扰动气体示意图

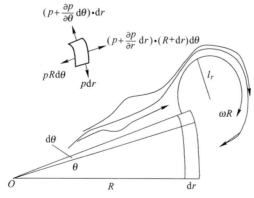

图 3-13 风门开启旋转挤压气体微元受力示意图

由于门开启时挤压空气，使得开门的一侧环境压强增大，同时，风门的旋转导致其后方压力减小，在两侧压力差作用下，风门前后形成漩涡流。门自由端处漩涡作用对空间中流场分布的影响最为明显。为了探究门开启过程中涡旋最大影响范围，设风门角加速度为 α，转过 θ 时角速度为 ω，则此时自由端线速度为 $v=$

ωR，而由压力差引起的加速度为 A_p，其大小与方向随着风门的旋转而不断变化。对气体运动过程做出合理简化，将风门自由端处气体视为初速度为 ωR 的圆周运动，其向心加速度为 a_p，则可得：

$$r = \frac{(\omega R)^2}{a_p} \tag{3-132}$$

式中，r 为风门自由端处气体圆周运动轨迹的半径，m；ω 为风门开启角速度，rad/s；R 为风门宽度，m；a_p 为向心加速度，m/s^2。

而当风门转过角度为 θ 时，则可推知漩涡最大影响范围：

$$L_R = r(1 + \cos\theta) = \frac{(\omega R)^2}{a_p}(1 + \cos\theta) \tag{3-133}$$

式中，θ 为风门旋转角度，rad；L_R 为风门转过角度为 θ 时漩涡最大影响范围，m。

向心加速度为 a_p 与风门两侧压力有关，对于风门自由端处气体微元，则有：

$$a_p = \frac{F_p}{m} = \frac{\left(p + \frac{\partial p}{\partial r}dr\right) \cdot (R + dr)d\theta - pRd\theta}{\rho RdRd\theta} \tag{3-134}$$

忽略高阶无穷小，且由式（3-131）有：

$$a_p = \frac{k}{\pi}HR\alpha \tag{3-135}$$

则（3-133）可化为：

$$L_R = R\sin\theta + r(1 + \cos\theta) = R\sin\theta + \frac{\pi(\omega R)^2}{kHR\alpha}(1 + \cos\theta) \tag{3-136}$$

由式（3-135）可知 L_R 是 θ 的函数，而当 $\frac{dL_R}{d\theta} = 0$ 时，L_R 有最大值 L_{Rmax}。

风门开闭前后气幕 6 始终开启，保证氮气正压区内压力大于其他区域。在风门开启前，启动风门前方氮气幕，将风门前方 $R \times L_{Rmax} \times H$ 空间内充满氮气，即可以保证开启过程中风门所扰动的区域内均为氮气，如此可使风门在开启过程中，避免后方空气因为流场的瞬间变化而进入缓冲区内。同时，由式（3-135）可知，L_{Rmax} 与风门开启角速度和风门两侧的压力差有关，实际中降低风门开启角速度，通过调节后方区域氮气幕改变风门开启过程中风门两侧压差，可有效控制风门开启过程中漩涡扰动范围。

3.6.2　风门关闭状态下氧气阻隔模型

由于压差或浓度梯度作用，各区域内的气体会发生相互流动或扩散，氧气可能会进入缓冲区。通过调节第 6 道氮气幕的出口速度，改变涌入的氮气含量，就可以改变区间内的气体压力，只要保证气体压力为氮气正压区>缓冲区>集中巷-

绕道区，便可阻隔氧气不能穿过绕道巷进入掘进巷。在调节过程中，允许少量氮气进入缓冲区。

根据伯努利方程，在同一流线中不同位置均有：

$$p + \rho g z + \frac{1}{2}\rho v^2 = \text{constant} \tag{3-137}$$

式中，p 为静压；$\rho g z$ 为位压；$\frac{1}{2}\rho v^2$ 为动压。

对于绕道处，缓冲区与正压区，只需保证当位压、动压项均为最大时，缓冲区气体仍不能进入正压区，即可实现氧阻隔。则令巷道高 H，假设缓冲区内任一位置气体有最大速度 $v_缓$，且气体进入正压区时，速度立即减少为零，此时可认为缓冲区内气体恰不能进入正压区，故有：

$$p_缓 + \rho g H + \frac{1}{2}\rho v_缓^2 = p_正 + h_f \tag{3-138}$$

式中，h_f 为阻力造成的能量耗散。

此时，正压区与缓冲区压力 Δp 为

$$\Delta p = p_正 - p_缓 = \rho g H + \frac{1}{2}\rho v_缓^2 - h_f \tag{3-139}$$

此时缓冲区内具有最大位压与最大动压气体恰好无法进入正压区，则说明缓冲区内气体均无法进入正压区。

而实际空间中，令压力差为 $\Delta p_实$，有

$$\Delta p_实 = p_{正实际} - p_{缓实际} > \Delta p \tag{3-140}$$

则可以保证缓冲区气体无法进入正压区，又因为实际空间中阻力项主要为沿程阻力和局部阻力，在绕道中主要为沿程阻力。实际现场中，一方面巷道长度有限沿程阻力较小，另一方面，出于安全及阻隔效果考虑，可以忽略阻力影响，即 $h_f = 0$ 时，气体仍不能进入正压区，则可视为空气完全被阻隔在正压区以外，此时，只需令：

$$\Delta p_实 > \rho g H + \frac{1}{2}\rho v_缓^2 \tag{3-141}$$

即可保证缓冲区内气体无法进入正压区。

而对于集中巷-绕道区与缓冲区，同理，根据伯努利方程，有：

$$p_绕 + \rho g H_巷 + \frac{1}{2}\rho v_绕^2 = p_缓 + h_f' \tag{3-142}$$

式中，h_f' 为阻力造成的能量耗散。

此时，集中巷-绕道区与缓冲区压力差 $\Delta p'$ 为

$$\Delta p' = p_缓 - p_绕 = \rho g H_巷 + \frac{1}{2}\rho v_绕^2 - h_f' \tag{3-143}$$

此时集中巷–绕道区内具有最大位压与最大动压气体恰好无法进入缓冲区，则说明集中巷–绕道区内气体均无法进入缓冲区。

而实际空间中，令压力差为 $\Delta p'_实$，有

$$\Delta p'_实 = p_{缓实际} - p_{绕实际} > \Delta p' \tag{3-144}$$

同理，令 $h'_f = 0$，有：

$$\Delta p'_实 > \rho g H_巷 + \frac{1}{2} \rho v_绕^2 \tag{3-145}$$

即可保证集中巷–绕道区内气体均无法进入缓冲区。

上述分析可知，风门不开启状态下，无论是对于集中巷–绕道区与缓冲区，还是缓冲区与正压区，只需保证后方区域气体压力大于前方区域，即可避免前方区域内气体向后方流动。故为避免氧气进入掘进巷，各区域间压力关系应如式（3-141）和式（3-145）所示。

3.7　本章小结

研究了无风掘进的瓦斯及氧气阻隔机理。掘进巷内的阻隔装置由五道风门、五道氮气幕、瓦斯及氮气监测设备构成，该装置将掘进巷分为六个区域。绕道巷内的阻隔装置由三道风门及三道氮气幕组成，针对该模型进行了理论分析，得到以下主要结论：

（1）采用暴露微元壁面及煤块瓦斯涌出量逐级积分求和的方式，得到了一个掘进循环内的瓦斯涌出总量 $Q_总$。这一总量是瓦斯涌出初速度、衰减系数、煤块截面积、放散时间、工作面推进速度、巷道断面尺寸的函数。

（2）推导出了混合场中具有一定涌出速度的瓦斯微元体，在浮力作用、黏性阻力及抽采影响下的流体力学控制方程。

（3）得到了瓦斯运散移扩规律。根据菲克定律及高斯模型，经傅里叶变换得到了无风掘进巷内瓦斯浓度的时空分布规律。

（4）揭示了氮气幕射流卷吸阻隔瓦斯的规律。根据气幕射流卷吸原理，得出了阻隔泄漏瓦斯的氮气幕出口速度与胶带口泄漏瓦斯浓度的关系式。

（5）风门开启时，通过预先开启风门前方的氮气幕，在风门附近形成氮气区，绕道内形成氮气正压环境，实现在开启风门过程中对氧气的阻隔。

（6）风门关闭时，利用正压法，保证只存在由氮气正压区向集中巷–绕道区的单向流动，实现对氧气的阻隔。

4　无风掘进抽采-氮气幕联动 控制气体相似模拟研究

经过理论研究得出了瓦斯输运规律，采用风门阻挡、抽采、氮气幕联动的方式控制气体，为了验证阻隔效果进行了实验室相似模拟研究。

4.1　相似性验证

相似模拟实验前，须依据 π 定理进行相似性验证。实验室相似模拟中应满足几何、运动以及动力相似等多方面的条件。在满足众多相似时，各种比例尺之间可能会相互制约，导致实验室的场地等条件不能全部满足要求，此时需要根据研究目的进行侧重取舍，把不影响实验结果和现象的因素忽略，以主要研究对象为核心展开实验[25~27]。

依据雷诺准则采用近似相似模拟进行实验，则几何相似、运动相似与动力相似如下所述。

4.1.1　几何相似

几何相似是指原型与实物几何尺寸成一次比例关系。几何相似是其他比例尺的基础，面积比例尺为二次方关系，体积比例尺为三次方关系。如用下标为 s 的物理量表示实物对应的物理量，用下标为 m 的物理量表示模型物理量，则外形比例尺 d_l（也称为线型比例尺）、面积比例尺 d_A 和体积比例尺 d_V 的表达式分别为：

$$d_l = \frac{l_s}{l_m} \tag{4-1}$$

$$d_A = \frac{A_s}{A_m} = \frac{l_s^2}{l_m^2} = d_l^2 \tag{4-2}$$

$$d_V = \frac{V_s}{V_m} = \frac{l_s^3}{l_m^3} = d_l^3 \tag{4-3}$$

式中，长度比例尺 d_l 为几何相似的基本比例尺；面积比例尺 d_A、体积比例尺 d_V 可根据模型几何形状导出。

实验室模型的几何相似比主要取决于研究目的和实验室空间尺寸。在各方面条件允许的情况下，长宽高的几何相似比应该取值相同。实验研究目的是探讨在无风掘进巷内，风门-抽采-氮气幕联动作用下能否实现对瓦斯的有效控制，为此需要模拟煤体壁面瓦斯涌出、风门阻隔抽采以及氮气幕阻隔瓦斯等现场条件和设施。根据无风掘进巷设计长度及实验室场地的尺寸，最终确定几何相似比为0.2，模型为长宽高 4m×1m×0.8m 的长方体。

4.1.2　运动相似

运动相似是指模型流动与实物流动的流线相似，而且对应点上的速度成比例。因此，速度比例尺为

$$d_v = \frac{v_s}{v_m} \tag{4-4}$$

其他运动学的比例尺可以按照物理量的定义或量纲由 d_l 和 d_v 来确定。

时间比例尺

$$d_t = \frac{t_s}{t_m} = \frac{l_s}{l_m} = \frac{d_s}{d_m} \tag{4-5}$$

加速度比例尺

$$d_a = \frac{a_s}{a_m} = \frac{\frac{v_s}{t_s}}{\frac{v_m}{t_m}} = \frac{d_v}{d_t} = \frac{d_v^2}{d_l} \tag{4-6}$$

流量比例尺

$$d_Q = \frac{Q_s}{Q_m} = \frac{\frac{l_s^3}{t_s}}{\frac{l_m^3}{t_m}} = \frac{d_l}{d_t} = d_l^2 d_v \tag{4-7}$$

实验过程中，需要对瓦斯涌出速度、抽采管抽采速度等可控因素以及重力、氮气浮力等不可控因素进行综合考虑，使调控后模型中与实物的各对应点的运动规律保持相似。

4.1.3　动力相似

动力相似指实物与模型流动中受到的各种外力作用，在对应点上成比例。密度比例尺为

$$d_\rho = \frac{\rho_s}{\rho_m} \tag{4-8}$$

密度比例尺是力学相似的第三个基本比例尺，其他运动学的比例尺均可按照

物理量的定义或量纲由 d_ρ、d_l、d_v 来确定。

质量比例尺

$$d_m = \frac{m_s}{m_m} = \frac{\rho_s V_s}{\rho_m V_m} = d_\rho d_l^3 \qquad (4\text{-}9)$$

力的比例尺

$$d_F = \frac{F_s}{F_m} = \frac{m_s a_s}{m_m a_m} = d_m d_a = d_\rho d_l^2 d_v^2 \qquad (4\text{-}10)$$

压强（应力）比例尺

$$d_p = \frac{\dfrac{F_s}{A_s}}{\dfrac{F_m}{A_m}} = \frac{d_F}{d_A} = d_\rho d_v^2 \qquad (4\text{-}11)$$

值得注意的是，无量纲系数的比例尺为 $d_C = 1$

此外，由于模型和实物大多处于同样的地心引力范围，故单位质量重力（或加速度）g 的比例尺一般等于 1，即

$$d_g = \frac{g_s}{g_m} = 1 \qquad (4\text{-}12)$$

在满足几何、运动、动力相似比例尺之后，模型中各物理量之间仍应与实际空间的物理量满足一定约束关系：如果两个现象相似，则这两者的无量纲形式的方程组和单值条件应该相同，具有相同的无量纲形式解。出现在这两种无量纲形式的方程组及单值条件中的所有无量纲组合数对应相等。根据相似 π 定理：设一个物理系统有 n 个物理量，其中有 k 个物理量的量纲是独立的（即有 k 个基本物理量），那么这 n 个物理量可表示成相似准则 π_1，π_2，$\cdots$，π_{n-k} 之间的函数关系，作为该物理现象的相似判据。

量纲分析法的理论基础是关于量纲齐次的数学理论。用无量纲数之间的函数式表达更具有实用价值。通过量纲分析导出伯金汉定理（即 π 定理），然后根据选定的参量，考查其量纲，求得和伯金汉定理一致的函数关系式，从而使相似现象得到推广。量纲分析法是解决近代工程技术问题的重要手段。在本书的相似模拟中，选择用量纲分析法导出相似准则，然后进行相似性分析。

瓦斯氮气混合场中各区域内，在壁面瓦斯涌出、抽采负压、浮力、浓度梯度等初始条件下的流动以及扩散现象包含的物理量主要有压力 p、速度 v、几何尺寸 l、重力加速度 g、运动黏度系数 $\nu_{黏}$、时间 t、密度 ρ、浓度 c、泄漏量 Q。根据相似定理，对上述物理量进行量纲分析，可得以下量纲分析矩阵，如表 4-1 所示。

表 4-1 量纲分析矩阵

物理量 量纲	p	v	l	g	v	t	ρ	Q	c
kg	1	0	0	0	0	0	1	0	0
m	−1	1	1	1	2	0	−3	0	−3
s	−2	−1	0	−2	−1	1	0	0	0
mol	0	0	0	0	0	0	0	1	1

设参量 p、v、l、g、$v_\text{黏}$、t、ρ、c、Q 的指数分别为 $a_1 \sim a_9$，可得矩阵

$$\begin{cases} a_1 + a_7 = 0 \\ -a_1 + a_2 + a_3 + a_4 + 2a_5 - 3a_7 - 3a_9 = 0 \\ -2a_1 - a_2 - 2a_4 - a_5 + a_6 = 0 \\ a_8 = -a_9 \end{cases} \tag{4-13}$$

对于上述量纲矩阵，由初等行变换可知其秩为 4，由此可得相似准则总数为 9−4＝5，故令 a_4、a_5、a_6、a_7、a_9 为已知量，则：

$$\begin{cases} a_1 = -a_7 \\ a_2 = -2a_4 - a_5 + a_6 - 2a_7 \\ a_3 = a_4 - a_5 - a_6 + 3a_9 \\ a_8 = -a_9 \end{cases} \tag{4-14}$$

若分别给 a_4、a_5、a_6、a_7、a_9 赋值，则得到以下五组数值：

$$a_4 = \frac{1}{2} \quad a_5 = a_6 = a_7 = a_9 = 0 \quad a_1 = 0 \quad a_2 = -1 \quad a_3 = \frac{1}{2} \quad a_8 = 0$$

$$a_5 = -1 \quad a_4 = a_6 = a_7 = a_9 = 0 \quad a_1 = 0 \quad a_2 = 1 \quad a_3 = 1 \quad a_8 = 0$$

$$a_6 = 1 \quad a_4 = a_5 = a_7 = a_9 = 0 \quad a_1 = 0 \quad a_2 = 1 \quad a_3 = -1 \quad a_8 = 0$$

$$a_7 = -1 \quad a_4 = a_5 = a_6 = a_9 = 0 \quad a_1 = 1 \quad a_2 = -2 \quad a_3 = 0 \quad a_8 = 0$$

$$a_9 = -1 \quad a_4 = a_5 = a_6 = a_7 = 0 \quad a_1 = 0 \quad a_2 = 0 \quad a_3 = -3 \quad a_8 = 1$$

若写为 π 矩阵表，如表 4-2 所示。

表 4-2 相似分析 π 矩阵表

物理量 量纲	p (a_1) kg·m/s²	v (a_2) m/s	l (a_3) m	g (a_4) m/s²	v (a_5) m/s²	t (a_6) s	ρ (a_7) kg/m³	Q (a_8) mol	c (a_9) mol/m³
π_1	0	−1	$\frac{1}{2}$	$\frac{1}{2}$	0	0	0	0	0
π_2	0	1	1	0	−1	0	0	0	0
π_3	0	1	−1	0	0	1	0	0	0
π_4	1	−2	0	0	0	0	−1	0	0
π_5	0	0	−3	0	0	0	0	1	1

整理可得：

$$\begin{cases} \pi_1 = \dfrac{\sqrt{lg}}{v} \\[2mm] \pi_2 = \dfrac{vl}{\upsilon} \\[2mm] \pi_3 = \dfrac{vt}{l} \\[2mm] \pi_4 = \dfrac{p}{\rho v^2} \\[2mm] \pi_5 = \dfrac{Qc}{l^3} \end{cases} \qquad (4\text{-}15)$$

式中，l 为几何尺寸，m；v 为速度，m/s；g 为重力加速度，m/s^2；υ 为运动黏度系数，m^2/s；t 为时间，s；p 为压力，kg·m/s^2；Q 为泄漏量，mol；c 为浓度，mol/m^3；ρ 为密度，kg/m^3；π_1 对应于 $1/Fr$；π_2 对应于 Re；π_3 对应于 St；π_4 对应于 Eu；Fr 为弗劳德数，表征重力对流场的影响；Re 为雷诺数；而 St 为斯特罗哈数，表征惯性力相似准则。

实验室模拟对于原型和模型，只要满足以上 5 个相似准则中两个现象就是相似的。而由 $\pi_1 \sim \pi_5$ 各项可知，$\pi_1 \sim \pi_4$ 与流场有关，而 π_5 中含有 Q、C 项，与扩散有关，又：

$$\begin{cases} \pi_1 = \dfrac{\sqrt{lg}}{v} & l \propto v^2 \\[2mm] \pi_2 = \dfrac{vl}{\upsilon} & l \propto \dfrac{1}{v} \\[2mm] \pi_3 = \dfrac{vt}{l} & l \propto v \end{cases} \qquad (4\text{-}16)$$

三者无法同时满足，故考虑 Fr、Re、St 数的意义。

Fr 表征重力对流场的影响；Re 表征黏滞力相似准则；而 St 表征惯性力相似准则。

实际中黏滞力和压力共同起主要作用，故令模型与实际雷诺数相等。因为 $Re = \dfrac{vl}{\upsilon}$，而固定介质环境中 υ 可视为常量，故只需要满足：

$$v_{实} \, l_{实} = v_{模} \, l_{模} \qquad (4\text{-}17)$$

即：

$$\frac{Q_{实} \, c_{实}}{l_{实}^3} = \frac{Q_{模} \, c_{模}}{l_{模}^3} \qquad (4\text{-}18)$$

模型处于大气环境，与原型中的瓦斯环境相近。瓦斯的影响因素基本一致，模型中与实际中的涌出量、浓度及长度尺寸可以满足式（4-18）的要求。实际涌出量单位为 m³/min，而实验中单位为 L/min，所以浓度呈三次方关系，而体积同样也呈三次方的关系，瓦斯浓度均为100%。上式在实验中可以满足。

4.2　实验设计

4.2.1　模型搭建

根据相似理论，结合研究目的及实验室场地条件，长宽高的几何相似比为0.2，模型尺寸宽度为 4m×1m×0.8m。模型原理图如图 4-1 所示。模型整体设计为长方体形状。考虑到对于密闭空间内瓦斯的阻隔不需要考虑模型受力及变形情况，因此可以忽略模型力学强度因素，只需满足密闭性良好及流场相似即可。所以，试验模型选取四块长、宽、厚尺寸为 1m×2m×0.1m 及八块 1m×0.8m×0.1m高致密的泡沫板和两块 0.9m×1m×0.006m 的透明有机玻璃板搭建而成。其中有机玻璃板位于两侧面中部。选取泡沫板为实验材料是因为在安设瓦斯传感器时穿孔接线便捷，易于操作，而且致密性好，不漏气。泡沫内壁面有一定的粗糙度，与现场巷道壁面形式相似。从安全角度考虑，一旦发生意外情况，泡沫可以起到缓冲作用，不至于对实验人员形成撞击，可有效保障实验人员的安全。

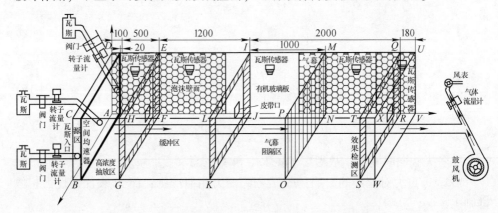

图 4-1　风门-抽采-氮气幕联动阻隔瓦斯实验原理图

模型六个壁面中，两个侧面 ADUV、BCXW 模拟掘进巷的两个帮壁面，各由一块有机玻璃和三块 1m×0.8m×0.1m 泡沫板组成；顶底面 DCXU、ABWV 分别模拟底板和顶板，分别由两块 1m×2m×0.1m 的泡沫板组成；瓦斯涌出壁面 ABCD、后部边界壁面 UVWX 由 1m×0.8m×0.1m 的泡沫板组成。在面 ABCD 中线位置上距底板 0.01m 处和面 BCXW、ADUV 上距边 BC、BW 以及边 AD、UV 各 0.1m 处开直径 0.01m 的小孔为瓦斯源入口。用50L 的氧气袋从瓦斯钢瓶中接取瓦斯，作为实验中的瓦斯涌出源。在安装两侧有机玻璃时需要在与有机玻璃对应衔接的前后四块泡沫板上开 0.005m 的沟槽。通过透明有机玻璃板可以较好的观测内部瓦斯传感器、抽采管、气幕等设备的安设情况及实验过程中模型内部现象。在搭建实验模型过程中，采用泡沫双面胶粘合泡沫板，并用玻璃硅胶密封泡沫板之间内外缝隙。连接完成后，进行气密性检测。

在模型中，以 A 为原点，AB、AV 和 AD 边分别为 x、y、z 轴建立坐标系，选取面 ABCD 为基准面，在距其 0.1m 处全断面安设 0.005m 厚贴有硬质箱条的低透气性海绵，将海绵翻折封口后，固定在顶底板及两帮壁面上，起到将瓦斯点源向面源转换的作用；在距 ABCD 面 0.62m 处安设第一道风门，在距 ABCD 面 1.82m 处，安设第二道风门，在 2.82m 处安设氮气幕，在 3.82m 处安设第三道风门。整个模型由三道风门和均速海绵划分为五个区域，第一区域为瓦斯源区域，第二区域为高浓度瓦斯抽采区，第三区域为缓冲区，在第四区域为氮气幕阻隔区，第五区为效果检测区。

在 x=0.5m，z=0.6m，y=0.4m、1.2m、2.3m、3.5m、3.9m 的位置安设1~5 号瓦斯传感器：1 号瓦斯传感器用来监测高浓度区瓦斯浓度随时间的变化；2 号瓦斯传感器监测经第一道风门阻挡限制，由胶带口绕行至缓冲区的瓦斯浓度；3 号传感器监测氮气幕阻隔区，氮气幕前方 0.5m 处瓦斯的浓度，以便确定开启氮气幕的时间；4 号传感器监测气幕后方 0.5m 处瓦斯浓度，用来比较氮气幕前后的瓦斯浓度，以验证气幕的阻隔效果；5 号传感器在效果检测区监测没有气幕射流卷吸影响下的瓦斯浓度，与 3 号、4 号传感器一起对比说明氮气幕的阻隔效果。在瓦斯源区，由三个 50L 氧气袋排空气体后充入瓦斯作为瓦斯源，由玻璃转子流量计控制瓦斯的涌出速度。采用对瓦斯气袋不断增加载荷的方法，使气袋内的瓦斯产生足够的压力，形成瓦斯流动，保证玻璃转子的浮子维持在既定的流量值，避免试验过程中因气袋中瓦斯流入模型造成压力减小、涌出速度下降的问题。在整个模型中安设管径为 0.08m、长度为 4.5m 的无缝钢管作为抽采管，抽排高浓度区的瓦斯。抽采管入口位于第一道风门前方 0.2m 处。采用变频防爆风机作为瓦斯抽取的动力源（实验中为避免瓦斯进入风机，防止风机摩擦火花引起瓦斯爆炸的意外事故，采用射流引流方式，抽排模型中的瓦斯），在出口段接入智能涡街流量计，监测抽采管出口的气体流量。

4.2.2 实验设备

实验过程中，主要用到以下设备（部分设备如图 4-2、图 4-3 所示）：

（1）Y003-50 型 50L 容量的氧气气袋，外带气管接线和锁槽。

（2）LZB-3WB 型玻璃转子微小浮子流量计。测量范围为 0.3~3L/min，精度等级为 4 级，额定工作压力为 0.2MPa，适用介质温度-20°~120°。

（3）AEC2303a 系列的瓦斯在线传感器气体防爆探测装置。整个系统由控制器、探测器、联动箱、输入模块等四部分组成，气体测量范围为 0~100%；采用总线型 A-BUS+四线信号传输（S1、S2、GND、+24V）集成信号、采集及传输。探测器安装在实验测定区（控制室内），控制箱安装在防爆区域。当空气中有被测气体或蒸汽挥发时，探测器即产生与空气中被测气体浓度成正比的电信号，通过信号总线传送给控制器，由控制器处理后显示出被测气体的浓度。控制器（长×宽×厚）尺寸为 0.32m×0.24m×0.09m。

传感器采用一体化功能设计模块，包括探测器模块和传感器模块两部分。独立的传感器模块，完整的实现了传感器的参数存储和信号调理。通过扩散方式采样，其传感器必须接触到目标气体才能进行响应和检测。浓度检测范围是 0~100%。探测器为铸铝材质，长×宽×高尺寸为：0.204m×0.159m×0.070m。采用 X-Smart 实时图形监控软件，通过多种 I/O 通信接口实现对现场数据的实时采集，通过脚本控制技术来驱动图形、数据、业务等功能的联合运转。现场通过 USB-485 转换器，将主控机与软件相连。

（4）YB2 系列隔爆型变频抽风机。电压 380V，鼓风机功率为 0.75kW，电流 1.83A，最高静压为 16kPa，最大流量为 2m^3/min，接口处内径为 0.08m。

（5）LUBZ-15/JZ/S/N/2 型智能涡街流量计。量程范围 5~25m^3/h，精度等级为±1.5%，现场显示，供电电压为 DC24V，信号输出为 4~20mA，耐压等级为 1.6MPa，由法兰加持连接温度范围是−40~250℃，公称通径为 DN15，表体材质为 304 不锈钢，防爆等级为 ExiaIICT5。采用 DC24V-2A 直流稳压电源开关电源适配器，进行仪表盘的按接。

（6）温湿度计、空盒气压计、风表、万用表等常用设备。

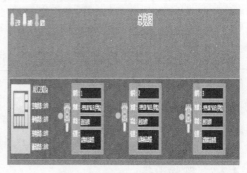

图 4-2　部分实验设备　　　　　　　图 4-3　数据采集界面

4.2.3　实验步骤

实验步骤如下：

（1）地面铺设纸箱垫板。将 2m×1m×0.8m 两块泡沫板放置在预先设定的位置，模拟巷道底板，并涂刷泡沫胶。

（2）在用做涌出源的迎头壁面泡沫板的下半部分中心处，开好瓦斯源口，并在下端面涂刷泡沫胶与底层泡沫板相粘结，并用 AB 胶进行粘合，用气锤均匀敲击使其粘合牢固。

（3）安装侧面第一组 1m×0.8m×0.01m 的泡沫板，与瓦斯涌出的迎头壁面相连接，并布置帮面瓦斯源入口。粘合好后在 0.8m×0.1m 的两壁面中线处开宽0.005mm、深 0.05m 的沟槽，卡嵌有机玻璃。

（4）在布置好前两组帮面泡沫板后，用直径 0.005m 的铁丝吊挂海绵均速降速器及瓦斯在线传感器。

（5）重复前述步骤并在所有接缝连接处内外喷涂玻璃硅胶，直至模型搭建成 4m×0.8m×1m 的不漏气长方体实验模型。

（6）连接瓦斯涌入的气袋口，布置瓦斯源口处的流量计及压气载荷。由 50L气袋充装瓦斯，三个气袋内充入瓦斯的体积一致，放置在源口位置；在三个充满瓦斯的气袋上方加平板，平板上方加均布载荷，现场可以采用施加固定数目砖块的形式实现；在出口处通过旋转玻璃转子流量计调速器来设定瓦斯涌出的速度。三个涌出口的初始流量计速度设定一致，并在单次实验中维持这一速度不变。瓦斯经过降速均速后，进入到高浓度区。

（7）安装瓦斯传感器数据采集系统。每个瓦斯传感器用两根直径 0.005m 的铁丝竖直吊挂固定于外置的固定架上，对模型内的瓦斯动态实时监测。瓦斯传感器探头感应模块距顶板为 0.05m，距离帮壁面 0.1m，每个区域布置瓦斯传感器的位置及方式均相同。传感器数据通过信号线和 USB-485 转换器传至计算机，由x-smart 软件进行数据的收集和保存，用于后期的数据处理。为了便于低限报警，将传感器感应范围设置为下限浓度为零，上限感应浓度为 5%，即监测值 100% 相当于真实浓度的 5%。因此，五个传感器的示数不同时达到 100%，就代表在整个模型空间内的瓦斯真实浓度低于 5%。这样可以避免模型中瓦斯浓度达到爆炸范围 5%~16%。

（8）安设抽采管抽采瓦斯。在模型内距离帮壁面 0.1m，顶板壁面 0.1m 位置，吊挂直径为 0.08m、长度 4.5m 的抽采管，抽采管口距 ABCD 面 0.5m。启动实验前，实验人员进入模型内启动风机用风速仪测管口的速度。另外，在抽采管出口位置间隔一定时间进行瓦斯检测，防止瓦斯泄漏。

（9）在距离 ABCD 面 1.5m 处设置一道宽为 0.005m 氮气幕，氮气幕从氮气钢瓶中由软管直接引出接到无缝三通钢管上，在箱体内形成与底板面垂直的气幕，将瓦斯阻隔在氮气幕之前的区域内。氮气钢瓶出口位置装有减压阀，用于显示出口压力和钢瓶内部压力。

搭建完毕的实验台如图 4-4 所示。

（10）启动实验，做好数据图像的采集处理工作。

（11）实验完毕，妥善处理实验用品及器材，清理现场。

（12）实验注意事项：

实验过程中，在实验台附近20m范围内，严禁烟火。用移动式瓦斯便携仪循环监测试验区内瓦斯的浓度。现场人员杜绝穿着化纤衣物，防止产生静电。确保所有电路接线牢固可靠，做好相关自救与互救预案。

图 4-4　掘进巷内瓦斯控制模型实验台

4.3　无风掘进巷瓦斯阻隔规律研究

4.3.1　实验台气密性验证

实验开始前，首先进行装置气密性验证[28]。在搭建好的模型内充入瓦斯，至第一个瓦斯传感器浓度均衡且均达到60%时，停止涌入瓦斯，封闭瓦斯入口及抽采管出口，静置9h后，观测五个传感器的示数变化。结果表明：五个瓦斯传感器浓度变化率分别为0.004、0.029、0.038、0.026、0.038，变化率均小于5%，如表4-3所示，说明在进行实验的时间内，气密性造成的影响可以忽略，满足气密性良好的要求。

表 4-3　装置气密性实验

时间	1 测点	2 测点	3 测点	4 测点	5 测点
8:00	24.7	23.6	23.3	23.4	23.5
17:00	23.7	22.9	22.4	22.8	22.6

4.3.2　涌出量对瓦斯运移的影响研究

用改变单一变量的方法进行定量研究，进行五组实验，比较在涌出量为3L/

min、4.5L/min、6L/min、7.5L/min 及 9L/min 时，五个测点的瓦斯浓度随时间及涌出量的变化，进而分析涌出量对瓦斯扩散运移的影响。涌出量的选择遵循以下三个原则：一是模型体积与实物体积比为 10^{-3}，所以将涌出量降低 10^{-3} 量级；二是实验现场设备的量程达标；三是确保安全。

（1）关闭抽气泵并封闭出气管口，防止进出气体，关闭氮气幕，控制单个入口瓦斯流量为 1L/min，即总瓦斯涌出量为 3L/min；至测点 1 浓度达到 100% 或维持在 95% 以上，测点 2 浓度达到 60% 左右时，停止涌出瓦斯，等待五个测点浓度均衡时，启动抽采管，开始抽出瓦斯。实验过程中，每隔 20s 记录一次五个测点的浓度，总计时长为 2 小时 13 分 20 秒。由于实验时间较长，数据量记录大，所以表 4-4 中只给出了时间特征点的传感器浓度。时间特征点主要包含五个测点出现浓度时刻、浓度增长的时刻、停止瓦斯涌出时刻、瓦斯均衡时刻以及结束时刻。

表 4-4　实验记录表

大气压力：101.1~101.6kPa　　温度：3~7℃　　湿度：36%~43%

t	测点 1	测点 2	测点 3	测点 4	测点 5	备　注
0	0	0	0	0	0	
11:27:00	17.9	0	0	0	0	
11:28:00	62.5	2.2	0	0	0	2 号测点出现浓度
…	72.6	3.2	0	0	0	
…	95.7	4.5	1.6	0	0	3 号测点出现浓度
…	100	6.5	2	0	0	
…	…					
…	100	13.2	8.6		0	4 号测点出现浓度
…	100	26.4	21.4	4.5		
…	…		20.6	6.9		
…	100	49.6	47.5	33.7		5 号测点出现浓度
…						
11:47:40	100	60.3	57.8	48.3	37.6	
…						
…	86.2	58.5	56.3	53.2	47.2	停止涌出瓦斯
…	…	…	…	…	…	
12:07:20	61.7	57.9	59.2	56.2	50.2	五测点浓度均衡，开启抽采
…	45.2	41.7	40.4	42.2	43.1	五测点浓度开始衰减
…	…	…	…	…	…	…
13:40:20	7.4	5.5	4.9	5.7	6.1	抽采结束

（2）其余条件不变，只将瓦斯涌出量改为 4.5L/min，进行实验。执行同样的操作，关闭抽气泵并封闭管口，关闭氮气幕，控制单个入口瓦斯流量在 1.5L/min 充入瓦斯，至测点 1 出现 100%或维持在 95%以上，测点 2 浓度达到 60%时，停止充入瓦斯至浓度平衡后开启抽采管进行抽采，按 20s 记录一次五个测点的浓度。

其余 6L/min、7.5L/min、9L/min 涌出量的实验同（1）、（2）进行。

瓦斯涌出量 3L/min 时的五个测点浓度随时间的变化曲线如图 4-5 所示。曲线显示了瓦斯涌出、运移扩散以及抽采衰减的全过程。五条曲线均呈现了先增大，再稳定，后减小至最后基本不变的过程。根据曲线的斜率变化，将五条曲线分为了三个区：浓度上升区、浓度平衡区、抽采衰减区，三个区对应实验的三个阶段。在浓度上升区，五个测点浓度显著增大，1 号测点曲线斜率最大，浓度增加最快，1 号测点浓度最大，在实验开始的 2.5min 内 1 号测点浓度达到峰值，2 号~5 号测点浓度曲线斜率近似一致，但是小于 1 号测点曲线斜率。

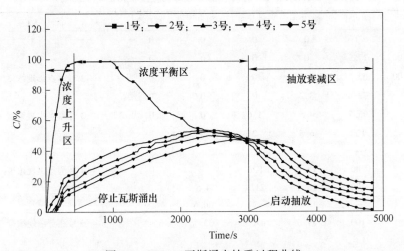

图 4-5　3L/min 瓦斯涌出抽采过程曲线

造成五个测点浓度曲线不同的原因主要有两点。第一点是浓度梯度的影响。1 号测点处于由风门所限定的瓦斯高浓度区，空间受限相对狭小。在初始时刻源口瓦斯实际浓度为 100%，而 1 号测点为 0，测点处与瓦斯涌出源处的浓度梯度由两者间的浓度差所决定，所以浓度梯度最大，因此，瓦斯浓度变化最快。高浓度抽采区内的瓦斯向后方低浓度空间运移只能通过胶带口和风门缝隙，瓦斯向后运移受限（朝向瓦斯涌出壁面的方向为前方，反之为后方），所以 2 号~5 号测点浓度增大得比较慢。

第二点是瓦斯在氮气环境受到浮力作用显著，对于瓦斯而言，由于密度小于氮气密度，在重力和浮力影响下，在空间 x、y、z 三个方向上运移的加速度并非完全相同，垂直方向加速度大，所以主要运移趋势表现在垂直方向上，优先由底板瓦斯源口向顶板方向运移，到达顶板后会碰撞顶板，运移方向发生变化；此后表现为沿 y 方向扩散运移。

因此，1 号测点浓度的变化也可以间接反映瓦斯在垂直方向上随时间的运移规律。当 1 号测点浓度升高到 100%，水平方向的运移程度增强，当在高浓度区碰到第一道风门后，运移方向再次发生改变，反向高浓度瓦斯区运移，来回反复碰撞式下行，运移至胶带口处，绕过胶带口由高浓度区流向了缓冲区，随后 2 号测点开始出现示数，并且越来越大。由于后方测点在水平方向上与 1 号测点间距离越来越大，因此，浓度始终低于 1 号测点，2 号、3 号测点间的浓度梯度小于 1 号测点与源口的浓度梯度，所以曲线斜率小，同理其余测点浓度也是后方测点低于前方测点。2 号测点比 3 号测点距离 1 号测点近，瓦斯先到达 2 号测点位置，浓度先于 3 号增大，在间隔约 2min 后 3 号测点监测到瓦斯，浓度开始增大，在后续过程中浓度梯度对 2 号、3 号测点影响近乎相同，所以两者增长趋势一致，且 2 号测点浓度始终高于 3 号测点浓度。4 号、5 号测点同理分析。

在浓度平衡区，考虑到实验安全（远离瓦斯爆炸区间 5%~16%），整个实验模型中瓦斯的真实浓度低于 2%，涌出瓦斯约 4min 后，停止了源口瓦斯涌出。在垂直方向上，由于源口处瓦斯浓度逐渐降低，但仍高于 1 号测点的浓度，加之浮力作用，瓦斯继续由源口处向 1 号测点运移，1 号测点的浓度继续增大，但随着 1 号测点和源口的浓度差逐渐减小，浓度梯度对瓦斯运移影响减弱时，源口瓦斯仅仅在浮力影响下继续向 1 号测点位置运移。在水平方向上，此时 1 号测点与 2 号、3 号测点浓度差能达到 35% 以上，所以在浓度梯度为主动力的扩散作用下，瓦斯继续由 1 号测点向 2 号~5 号测点运移，瓦斯做加速度减小的加速运动。随着 1 号测点处瓦斯浓度减小，2 号~5 号测点浓度的增大，五个测点间的浓度趋近平衡，直至五测点浓度基本不再变化，最终达到平衡状态，整个模型空间内瓦斯浓度接近一致，流动和扩散已经不明显。

整个模型中，瓦斯浓度达到平衡后，启封抽采管的外端气体出口，开启抽采泵，进入抽采衰减段，在固定抽采负压作用下，抽采管以 0.01m/s 的速率（此时抽采量和瓦斯涌出量相等）抽取气体。由于抽采管口位于高浓度抽采区，当抽采开始后，该区内的 1 号测点浓度瞬间减小，随着高浓度区的瓦斯含量减小，其两侧相邻近的区域和风门后方区域内的瓦斯，开始向高浓度区运移，因此 2 号~5 号测点浓度也出现下降，四个测点的瓦斯浓度呈现同步衰减，由于 1 号测点距离抽采管口近，2 号、3 号测点处瓦斯有风门阻挡，所以 1 号下降最快，2 号、3 号下降较慢，4 号、5 号下降最慢。

随着抽采的持续进行，模型内的大量瓦斯被抽走，衰减程度也减弱，如图 4-5 所示，当瓦斯浓度衰减到 5% 以下时，浓度随抽采时间的增加而减小得很少，衰减变化率小于 0.01/min，停止实验。

控制其他因素不变，将瓦斯源口涌出量改为 4.5L/min、6L/min、7.5L/min 和 9L/min，观测五个测点的浓度变化，研究涌出量对四个区域内瓦斯运移规律的影响，4.5L/min 涌出量的结果如图 4-6 所示。根据五个测点的瓦斯浓度变化情况，分析可得五种涌出量下，五个测点的浓度上升下降变化趋势基本一致，不同之处在于涌出量越大，五个测点的浓度上升得越快，同一时刻五个测点浓度的差值减小得越多。而对于 6L/min、7.5L/min、9L/min 三种涌出量情况下的曲线各阶段变化趋势与 3L/min、4.5L/min 涌出量时基本一致，只是增减的快慢程度不同。

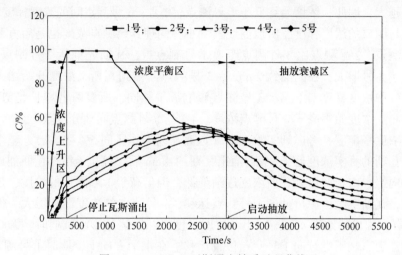

图 4-6   4.5L/min 瓦斯涌出抽采过程曲线

为了进一步说明问题，选取 1 号、2 号测点瓦斯上升段进行分析，3 号~5 号测点浓度曲线与 2 号相似。由图 4-7、图 4-8 可知，在同种涌出量条件下，上升段

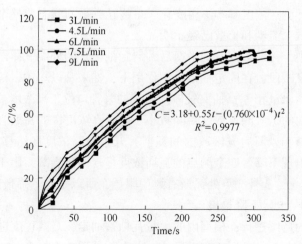

图 4-7   1 号测点浓度变化曲线

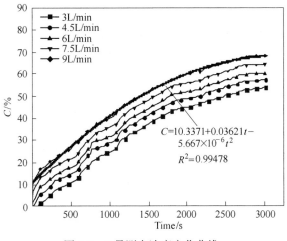

图 4-8　2 号测点浓度变化曲线

五测点浓度曲线都可以近似拟合成多项式的形式，在曲线斜率上，明显表现为 1 号测点浓度高于其他测点，2 号~5 号测点随着距离 1 号测点距离的增加，斜率越小。

由平衡末段开始抽采，1 号、2 号测点浓度下降得相对较快、较多，3 号~5 号测点浓度下降相对较慢、较少。2 号测点浓度曲线在 1 号测点浓度曲线下方的原因有二：一是由于实验中风门顶部与顶板之间有缝隙，在抽采影响下，各个方向的瓦斯向 1 号测点运移补充较多，二是由于 1 号测点位于高浓度区，浓度在抽采前略高于 2 号测点，在测点均下降的同时，还依然维持高于 2 号测点。

为研究各区域内瓦斯浓度随涌出量的变化规律，选取时间为 180s、270s、1200s 三个不同时刻进行比对说明。

由图 4-9~图 4-11 三组不同时刻五个测点随涌出量 Q 的变化曲线，可以发现

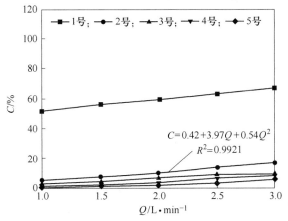

图 4-9　180s 五测点浓度随涌出量的变化

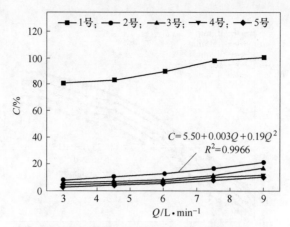

图 4-10　270s 五测点浓度随涌出量的变化

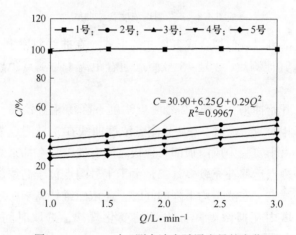

图 4-11　1200s 时五测点浓度随涌出量的变化

五个测点的浓度在三个不同时刻,均随涌出量的增加而成二次形式增大。但是在不同时刻增加的快慢程度不同,在一定时间内,随着时间的增加,浓度增加得越快,在 180s 时 2 号~5 号测点浓度曲线斜率为 1.08 左右,而在 270s 时 2 号~5 号测点浓度曲线斜率为 0.38 左右。这是因为随着时间的延长,1 号测点处实际积聚的瓦斯越来越多,1 号测点与 2 号~5 号测点间的浓度梯度越来越大,所以由 1 号测点向 2 号~5 号测点处的扩散速度越来越快。

对于 1 号测点而言,由于抽采速率小,抽采对源口瓦斯作用弱,瓦斯向抽采管口运移的加速度小,而所受浮力较大,所以在高浓度区的受限空间内在垂直方向的运移速度远高于水平方向。1 号测点浓度在 180s 和 270s 时未达到 100%,此时的增长规律也可反映出瓦斯在氮气环境中垂直方向的运移规律。

由图 4-12 可知,在开启抽采后,各区域内瓦斯浓度均开始减小,减小趋势规律基本相同,符合负指数型衰减。随着与抽采管口距离的增大,瓦斯浓度下降的速率减小。高浓度区内的瓦斯浓度下降幅度最大，在 2000s 内，1 号测点下降 50%左右，5 号测点下降 25%。

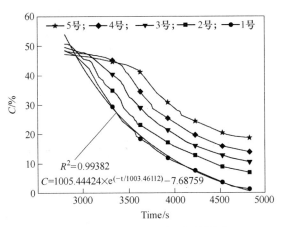

图 4-12 抽采对各区域的瓦斯影响

4.3.3 抽采量对瓦斯运移的影响研究

抽采速率对各区内的瓦斯浓度及气体压力有重要影响。若抽采量过大，不仅仅瓦斯被抽入管中，而且后方的缓冲区、氮气幕阻隔区甚至效果检测区内的氮气也会被抽入管中，造成从后方向前方的气体流动。如此一来产生连锁反应，导致绕道口处的气体也失去平衡，集中巷内的空气可能会进入无风掘进巷道，因此抽采量不可过大；若抽采量过小，则不足以控制瓦斯通过胶带口向后部空间运移扩散。为了研究抽采量的合理设定范围，做了同一涌出量条件下不同抽采量的五组实验，抽采量分别为涌出量的 1～5 倍。即涌出量取为 3L/min，抽采量分别为 3L/min、6L/min、9L/min、12L/min、15L/min，结果如图 4-13、图 4-14 所示。

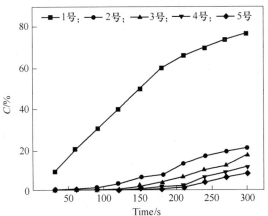

图 4-13 抽采量为 2 倍涌出量时瓦斯浓度的变化

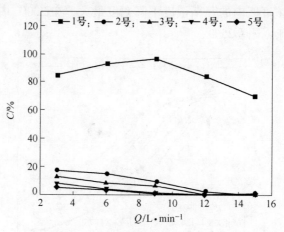

图 4-14 瓦斯浓度与抽采量的关系

以抽采量为 2 倍涌出量，说明各测点浓度随抽采的变化规律。抽采作用对瓦斯产生斜线方向的加速度。斜向加速度分解后，增加了垂直方向的加速度，与垂直方向上的浮力提供的加速度进行叠加后，进一步加快了瓦斯在垂直方向的运移，缩短了瓦斯从底部上升到顶板的时间。当抽采量为 2 倍涌出量时，瓦斯在垂直方向上的运移加速，因此 1 号测点的浓度比没开启抽采和 1 倍涌出量时要快。但是随着抽采量的增加，进入抽采管内的瓦斯量增加，通过胶带口向后方区域运移的瓦斯量减少，因此 2 号~5 号测点浓度增加缓慢。与没增大抽采时的相同时刻比较，2 号~5 号测点瓦斯浓度有所减小。由此可见，通过增加抽采量可以减小瓦斯绕过胶带口向后方运移。

在一定时间内，1 号测点浓度随着抽采量的增大先增大再减小，而 2 号~5 号测点处瓦斯浓度随着抽采量的增加一直减小直至减小为 0。当抽采量为 1~3 倍涌出量时，即使垂直距离大于水平距离，由于垂直方向加速度大于水平方向加速度，垂直方向运移时间仍小于由壁面到抽采管口的时间。因此，瓦斯先到顶板处的 1 号测点，碰壁后再变向运移。故 1 号测点浓度在抽采量小于等于 3 倍涌出量条件下，依然是增大的。当抽采量继续增大，则会造成瓦斯在水平方向的运移加快，因此 1 号测点浓度开始减小。而对于 2 号~5 号测点而言，随着抽采量的增加，高浓度区内的初始环境中的氮气和瓦斯进入抽采管内的气体总量增加，高浓度区瓦斯在碰壁面变向后经胶带口向后方区域运移的趋势减弱，瓦斯泄漏量减少，而且随着抽采量的增加，阻隔区甚至是效果检测区内，气体会向前方区域流动，因此后方区域内的测点瓦斯浓度降低。

瓦斯气流的宏观流动是由无数个微元体运移的综合体现，因此选取微元体从微观上分析瓦斯的运移规律。微元体的运移轨迹受到浮力与重力、抽采管负压、涌出速度、掘进巷内的气体阻力、微元体到顶板和抽采管口的距离等五个方面的影响。

当涌出量或者抽采量改变时，瓦斯微元体运移轨迹随之改变，如图 4-15 所示。在微元体与顶板距离 l 和与抽采管口距离 d 一定的情况下，若涌出速度和抽采负压在水平方向的速度小于垂直方向的速度，在垂直方向上运移距离 l 所用的时间 t_1，在水平方向上运移距离 d 所用时间 t_2，当 t_1 小于 t_2 时，微元体的优势运移方向为垂直方向，在运移到顶板后，与顶板发生碰撞，能量损失后，速度大小和方向都发生变化，部分瓦斯在抽采负压作用下进入抽采管，部分沿着顶板壁面与抽采管上壁面之间的间隙向第一道风门方向运移；倘若 t_2 小于 t_1，则微元体的优势运移方向为水平方向，微元体首先进入抽采管或者沿着抽采管下壁面向后方第一道风门处运移。因此，对于涌出量和抽采量作用下微元体的运移情况较为复杂，微元体运移轨迹既有碰壁进入抽采管的，又有直接进入抽采管的，还有沿着抽采管下壁面向第一道风门运移的。

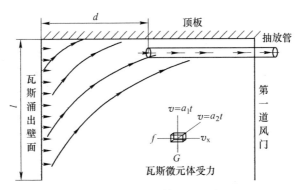

图 4-15 瓦斯微元体受力示意图

各测点处的瓦斯浓度与微元体的速度关系较为密切，速度快慢决定着测点处检测到瓦斯的先后以及积聚情况。速度对测点处浓度的影响存在多种可能性，具体要视抽采负压、微元体与抽采管口的连线与水平方向或垂直方向的夹角、涌出速度的关系而定。

4.3.4 氮气幕阻隔效果研究

当瓦斯涌出量异常增大后，初始状态下设定的抽采量不能将瓦斯全部抽入管内，异常增大部分的瓦斯会通过胶带口泄漏到后方的缓冲区及氮气幕阻隔区。根据在缓冲区和氮气幕阻隔区内设定的瓦斯传感器的数据变化，调节氮气幕出口的速度，阻隔瓦斯继续向后方区域运移。为研究氮气幕的阻隔效果及气幕机的阻隔参数，进行了根据瓦斯监测结果开启既定氮气幕阻隔瓦斯的实验，实验以 4.5L/min 的涌出量向模型内涌入瓦斯，抽采量为氮气幕量和涌出量之和，并选取 3 号测点浓度达到 5% 时，氮气幕出口速度为 0.2m/s 的阻隔实验进行说明，实验结果如图4-16~图4-19所示。通过对比氮气幕开关前后各测点的浓度变化，说明氮气幕的阻隔效果。

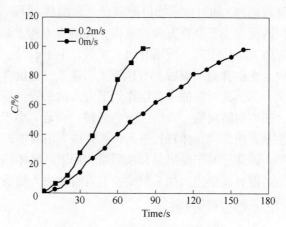

图4-16　1号测点瓦斯浓度变化

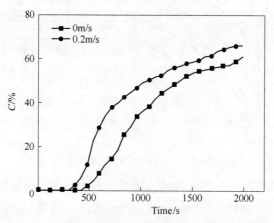

图4-17　2号测点瓦斯浓度变化

实验过程中1、2、4、5四个测点的瓦斯浓度在不断变化。1号、2号测点的浓度变化曲线在不同氮气幕出口速度时变化趋势基本一致，如图4-16、图4-17所示。开启氮气幕时，浓度上升快，曲线斜率大。造成这种现象的原因有以下两个：

一是开启氮气幕后，氮气由出口到底板附近时呈现"倒散花"状运移，氮气通过胶带口和缝隙进入到了高浓度瓦斯区，在高浓度区的中下部空间积聚，逐步占据下部空间，进一步挤压瓦斯向顶板处积聚。因此，相对于不开氮气幕时，瓦斯在顶板处的浓度上升得更快。

二是氮气流入高浓度区时有一定速度，减缓了瓦斯由高浓度区向缓冲区运移。瓦斯所占据的体积空间减小，因此会更多的积聚在传感器附近，所以测得浓度上升得较快。但开启与否对峰值的影响不大，随着时间的延长，两种状况下，峰值基本相同。如 1 号测点开启气幕前后峰值分别为 99% 和 95.7%，2 号测点为 66.2% 和 60.8%。

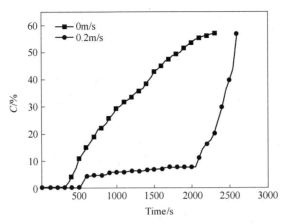

图 4-18　4 号测点瓦斯浓度变化

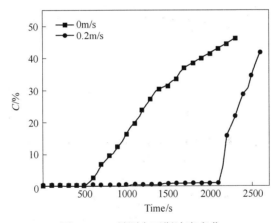

图 4-19　5 号测点瓦斯浓度变化

3 号测点位于阻隔区，瓦斯浓度在最初开启氮气幕时呈现增大的趋势，由于从 3 号测点向后方运移的瓦斯被阻隔，大量积聚在 3 号测点处，瓦斯浓度开始升高。但是随着氮气幕卷吸作用的增强，在 3 号测点附近形成涡流，带走了 3 号测点处的瓦斯，所以浓度又开始减小。

4 号、5 号测点均位于氮气幕的后方。在开启氮气幕的过程中，2000s 内浓度基本为 0，4 号测点最大值为 2.1%，5 号最大值为 0.8%。与未开氮气幕时相比，4 号最大浓度差值为 42.5%，5 号最大差值为 37.5%，说明开启氮气幕后原有 95% 左右的瓦斯被阻隔在氮气幕前方，后方只有极少量的瓦斯。关闭氮气幕后，瓦斯失去氮气幕的阻隔作用，短时间内迅速向后方运移，4 号、5 号测点的浓度瞬间升高。在 600s 内，4 号测点由 2.1% 增长到 43.7%，5 号测点由 1% 增长到 41.8%。

造成 4 号、5 号测点浓度瞬间增大的原因除了撤销氮气幕阻隔外，还有一个原因是开启氮气幕的过程中，注入大量的氮气，改变了各区域内的压强，改变了模型内的氮气和瓦斯的比例，大量氮气积聚在中下部空间，瓦斯积聚在氮气幕前方上部区间，形成瓦斯聚集区。而当关闭氮气幕后，瓦斯在较大的浓度梯度下扩散运移，因此 4 号、5 号测点浓度上升得较快。

综合 1 号~5 号测点在氮气幕开关状态下的浓度变化，可以明确看出氮气幕接近 100% 的阻隔了瓦斯的运移，说明采用氮气幕软阻隔方式可以实现对泄漏瓦斯的有效控制。

为研究阻隔效果与氮气幕出口压力的关系，选择 3 号测点浓度为 1%、3%、5%、7%、8% 开启氮气幕，其出口速度为 0.1~0.6m/s 的阻隔实验，实验结果如图 4-20 所示。

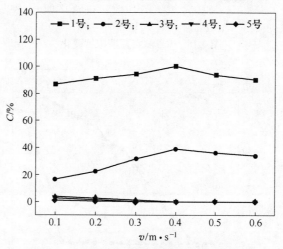

图 4-20　瓦斯浓度与氮气幕出口速度的关系

由图 4-20 可知，1 号、2 号测点瓦斯浓度随着氮气幕压力的增大呈现了先增大后减小的变化趋势。浓度增大是由于瓦斯被阻隔后，在测点附近积聚造成的；浓度逐渐减小是因为随着注入的氮气量越来越多，氮气的体积分数增大，同时氮气幕射流卷吸了部分瓦斯参与涡流运动，造成瓦斯浓度降低。而 4 号、5 号测点瓦斯浓度随着氮气幕压力的增大一直减小直至为零后，维持在零值不再变化，说明当达到一定压力值后，便可以完全阻隔瓦斯的运移。再继续增大气幕口的压力，虽然也可以阻隔瓦斯，但会造成氮气的浪费。因此，在实际中，需要根据泄漏浓度设定合理的氮气幕出口压力。

4.4　绕道巷阻隔氧气的实验研究

限于实验条件，绕道巷内对氧气的阻隔仅仅是针对风门关闭状态展开研究的，对于风门开启过程中气体的阻隔，在第6章进行本研究的数值分析。

应用同一实验台，进行氧气的阻隔实验。由于风门开启过程，对氧气的阻隔与瓦斯基本一致，因此在实验中，主要针对风门关闭时进行实验研究。实验原理如图4-21所示。

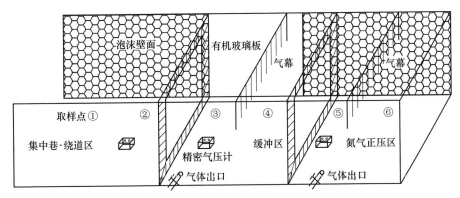

图4-21 氧气阻隔实验原理图

利用构筑物在实验台内构建绕道巷处的三个区域，集中巷-绕道区、缓冲区以及氮气正压区，尽可能保证各区域的密闭效果好。首先，在每个区域内布置两个取样点，在模型附近的空气中设置一取样点，作为对照，并编号；其次，将缓冲区与氮气正压区内的气体出口旋钮打开，开启氮气幕注入氮气，清洗缓冲区及氮气正压区内的空气，关闭气体出口；再次，根据精密气压计的示数显示为101020Pa、101070Pa、101120Pa，当氮气正压区内压力>缓冲区>集中巷-绕道区时，停止注入氮气。

在停止注入氮气30s后进行第一次取样，之后每间隔5min取样一次，共取样4次。取样由5L/min的大气采样仪接集气袋完成，通过气相色谱仪进行试样分析。实验结果如表4-5所示。

表4-5 氧气浓度 （%）

测点 取样	1号	2号	3号	4号	5号	6号	7号
第一次取样	20.89	20.89	5.26	5.27	5.11	5.11	20.89
第二次取样	20.86	20.85	5.29	5.28	5.11	5.11	20.89
第三次取样	20.82	20.81	5.31	5.31	5.11	5.12	20.89
第四次取样	20.82	20.81	5.31	5.32	5.11	5.12	20.89

由表4-5可知，经过四次取样，实验20min后，各区域内的氧气浓度基本没有发生变化，1号、2号测点氧气浓度随着时间的延长最大波动为0.04%，说明仅有极少量的氮气由缓冲区运移到集中巷-绕道区，而3号、4号测点的氧气浓度

在经过氮气清洗后减小为 5.2% 左右。由于缓冲区、氮气正压区内的气体压力大于集中巷-绕道区，所以有极少量的氮气向集中巷-绕道区泄漏，20min 内最大泄漏率为 0.02%。而对于正压氮气区内的氧气浓度，其最大变化率为 0.56%。

以上数据表明，在密闭较好的情况下，利用区域间的气体压差作用控制气流流向，可以实现对氧气阻隔，阻隔率为 99.43%。

4.5　本章小结

根据 π 理论，在满足几何、运动及动力相似的条件下，建立了实验室相似模型，采用改变单一变量的方法进行多组实验室模拟，得出了以下结论：

（1）各区域内瓦斯浓度与时间符合二次递增函数关系，拟合曲线为 $C = -5.7 \times 10^{-6} t^2 + 0.04t + 10.3$；与涌出量也符合二次递增函数关系，拟合曲线为 $C = 0.29Q^2 + 0.625Q + 30.9$。在瓦斯运移过程中，由于所受浮力作用强于抽采和扩散影响，所以垂直方向运移得较快，水平方向运移得慢。

（2）得出了抽采量对各区域内瓦斯浓度的影响规律。在抽采量为某一固定值的条件下，瓦斯浓度随时间呈现负指数形式衰减，拟合曲线为 $C = 1005 \times e^{(-t/1003)} - 7.68$。当抽采量不同时，各区域内的瓦斯浓度也不相同：高浓度区瓦斯浓度随着抽采量的增加先增大后减小，其他区域内的瓦斯浓度均随着抽采量的增加而逐渐减小。

（3）通过实验证明抽采与氮气幕联动作用，可以实现对瓦斯的有效阻隔。五组实验结果均表明，氮气幕开启后，气幕后方的瓦斯浓度变化较大，比气幕开启前降低了 95%。关闭氮气幕后，瓦斯浓度在 600s 内由 2.1% 增长到 43.7%。表明氮气幕对于瓦斯的运移有很好的阻隔效果。在氮气幕出口速度不断增大的过程中，发现氮气幕前方测点的浓度先增大后减小，后方测点的浓度一直减小，可减小至零。

（4）验证了采用正压法，可以实现对氧气的阻隔。在区域间密闭较好时，相邻区域间压差为 50Pa 条件下，20min 内氧气浓度的变化小于 0.04%，说明正压法可以实现风门关闭状态时对氧气的阻隔。

5 无风掘进抽采-氮气幕联动控制瓦斯与氧气数值分析

<<<<<<<<<<<<<<<<<<<<<<<<<<<<<<<<<<<<<<<<<<<<<<<<<<<<<

本章采用 FLUENT 对无风掘进巷模型中多因素的耦合影响进行模拟，研究如何实现在无风掘进中对气体的有效控制。

数值模拟过程中，并不能完全按照实际现场情况进行模拟，需要做出如下合理的假设：

（1）研究空气的宏观流动，引入连续介质假设，即假设流体是连续介质，由连续分布的流体质点组成。

（2）风速小于 100m/s，密度 ρ 为常数，体现了气体的不可压缩性。掘进巷内风流应视为不可压流体。

（3）模型中无内热源，考虑密度差产生的浮力和重力的影响[29,30]。

5.1 无风掘进巷气体运移控制方程

流体流动过程是多种物理守恒定律参与控制的综合过程，无风掘进巷内流场中主要遵循的定律包括质量守恒定律、动量守恒定律、能量守恒定律。

无风掘进巷中各个计算区域内的流体主要是瓦斯-氮气的混合气体，按不可压缩牛顿流体来考虑，给出流体在模拟过程中所遵循的如下控制方程[31]：

（1）连续性方程

任何流动性问题都需要遵循连续性方程。该方程意义为：单位时间内微元体增加的质量，等于相同时间内流入微元体的质量与流出微元体的质量的差值。

$$\frac{\partial \rho}{\partial t} + \nabla \cdot (\rho \boldsymbol{v}) = S_{\mathrm{m}} \tag{5-1}$$

式中，ρ 为密度；t 为时间；$\boldsymbol{v}$ 为速度矢量；S_{m} 为源项加入到连续相的质量。

（2）Navier-Stokes 方程

流场内应满足 Navier-Stokes 方程，该方程的意义为微元体中流体的动量对时间的变化率等于外界作用在该微元体上的各种力之和。N-S 方程为：

$$\frac{\partial \rho \boldsymbol{v}}{\partial t} + \nabla \cdot (\rho \boldsymbol{v} \boldsymbol{v}) = -\nabla p + \nabla \cdot (\tau) + \rho g + F \tag{5-2}$$

式中，p 为微元体上的静压；g 和 F 分别代表作用在微元体上的重力体积力和其他外部体积力；τ 为因分子黏性作用而产生的作用在微元体表面上的黏性应力张量，对于牛顿流体，黏性应力与流体的变形率成比例，有：

$$\tau = \mu\left(\nabla \boldsymbol{v} + \nabla \boldsymbol{v}^T - \frac{2}{3}\nabla \cdot \boldsymbol{v} I\right) = \tau_{ij} = \mu\left(\frac{\partial u_i}{\partial x_i} + \frac{\partial u_j}{\partial x_j} - \frac{2}{3}\frac{\partial u_k}{\partial x_k}\delta_{ij}\right) \tag{5-3}$$

（3）伯努利方程

伯努利方程是所有系统内部相互作用所要遵循的方程。该方程意义为微元体中能量的增加率等于进入微元体的能量减去流出微元体的能量，再加上体积力与表面力对微元体所做的功：

$$\frac{\partial(\rho E)}{\partial t} + \nabla \cdot [\boldsymbol{v} \cdot (\rho E + p)] = \nabla \cdot \left[k_{\text{eff}}\nabla T - \sum_i h_i J_j + (\tau_{\text{eff}} \cdot \boldsymbol{v})\right] + S_k \tag{5-4}$$

式中，$E = h - \dfrac{p}{\rho} + \dfrac{v^2}{2}$ 为流体微团的总能量，对于不可压缩气体，可感焓 $h = \displaystyle\sum_i Y_i h_j + \dfrac{p}{\rho}$；$k_{\text{eff}}$ 为有效导热系数，此处不考虑热传递；J_j 为组分扩散通量；S_k 为热源项。

（4）组分质量守恒方程

流场内组分为瓦斯和氮气的混合，二者间不反应，瓦斯和氮气都需要遵守组分质量守恒。该方程可以表述为：系统内氮气或者瓦斯的质量对时间的变化率，等于通过系统界面的净扩散通量与通过化学反应生成或消失的该组分的净生产率之和。氮气或瓦斯的组分质量守恒方程为：

$$\frac{\partial(\rho Y_i)}{\partial t} + \nabla \cdot (\boldsymbol{v}\rho Y_i) = -\nabla \cdot J_i + R_i + S_i \tag{5-5}$$

式中，Y_i 为组分 i 的质量分数；J_i 为组分的扩散通量；R_i 为系统内部单位时间内单位体积通过化学反应消耗或生成的该组分的净生成率；S_i 为质量源。

（5）湍流控制方程

当在处理湍流问题时，还需要考虑湍流控制方程。

$$\frac{\partial(\rho u_i)}{\partial t} + \frac{\partial(\rho u_i u_j)}{\partial x_i} = -\frac{\partial p}{\partial x_i} + \frac{\partial}{\partial x_j}\left[\mu\left(\frac{\partial u_i}{\partial x_j} + \frac{\partial u_j}{\partial x_i} - \frac{2}{3}\frac{\partial u_k}{\partial x_k}\delta_{ij}\right)\right] + \frac{\partial}{\partial x_j}(-\rho\overline{u_i'}\,\overline{u_j'})$$

$$\tag{5-6}$$

5.2 模型构建及边界条件设置

5.2.1 模型构建

结合实际现场尺寸建立无风掘进巷模型。

（1）在 GAMBIT 中以界面中默认原点为坐标原点，输入第一道带有胶带口的风门面 6 个顶点坐标，连线成面后采用挤出命令构成有 0.05m 厚度的风门体，而后复制并分别移动 6m、10m、6m、6m 建立五道风门；

（2）以坐标原点为长方体顶点建立长方体，xyz 轴向分别为宽、长、高，尺寸为 5m×60m×4m；

（3）长方体与五道风门之间进行减法布尔运算，不保留五道风门；

（4）建立氮气幕长方体，x 为 5m，y 为 0.2m，z 为 0.2m，并移动至 $x=0$，$y=41m$，$z=4m$，然后复制长方体移动 $y=14m$，建立第二道氮气幕；

（5）用经过（3）计算的结果，与两个氮气幕长方体进行求和加法布尔运算；

（6）建立半径为 0.4m、长度为 45m 的抽采管，并用经过（5）计算的结果，与抽采管进行减法布尔运算，并保留抽采管的圆管体；

（7）进行网格化，采用三角形结构网格进行划分，最小单位为 0.05m，共计划分网格数为 1916583，如图 5-1 所示；

（8）进行边界条件设置，设置瓦斯涌出壁面、两个氮气幕出口、抽采管与长方体的接口、抽采管出口，其余为默认设置 wall；

（9）保存命名并输出 mesh 文件。

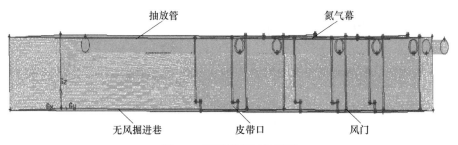

图 5-1　无风掘进网格模型

5.2.2　边界条件设置

边界条件设置如下：

（1）将 mesh 文件导入 FLUENT，在 Solution Setup 中逐级展开设置；求解方法为 SIMPLE 方法，离散方法采用一阶迎风格式；

（2）导入无风掘进巷内气体流动的控制方程及组分方程。在此模拟过程中，由于无风巷内温度变化较小，不考虑热传递的过程，不开启能量方程；

（3）General 中 Slover type 设置为三维隐式压力基，time 为 transient，开启 Gravity 方向为−z，数值为 9.8，环境压力 101325Pa，开启操作密度选项，设置为 1.225kg/m³；

（4）边界条件设置，对 GAMBIT 中的定义的边界进行赋值，将瓦斯涌出壁面设置为 methane velocity inlet，数值为实际涌出量，其中 turbulence 中 Specification Method 为 k-ε，而 Tubulent Kinetic Energy 和 Turbulent Dissipation Rate 均取 1[32]；

（5）进行全部区域的标准初始化，初始化时氮气为 1，瓦斯为 0，温度为 25℃，三维模型如图 5-2 所示。

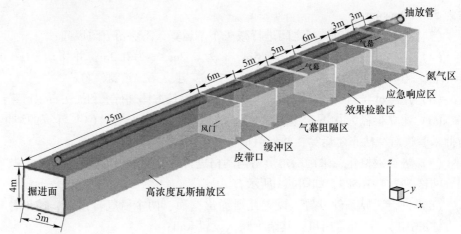

图 5-2   无风掘进三维模型

5.3   流动及扩散模型数值分析

5.3.1   高浓度瓦斯区形成过程分析

阻隔装置布设完毕，掘进作业空间内为氮气环境。开始掘进作业后，掘进工作面与第一道风门之间由纯氮气环境向氮气瓦斯的混合气体转变。随着工作面的不断推进，瓦斯涌出量不断增加，在氮气环境中受到浮力影响，上升至巷道顶板附近，并在上部空间积聚，从上至下波动式逐层占据上部空间，挤压氮气逐渐向下部的区域运移。由于将气体视为不可压缩气体，因此氮气将不断地通过胶带口向后方的缓冲区内运移，瓦斯浓度逐渐增大。经过瓦斯的涌出驱替作用，在较短的时间内，形成了前方的高浓度瓦斯区。如图 5-3～图 5-5 所示。

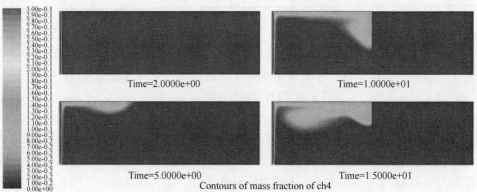

图 5-3   2～15s 高浓度区瓦斯运移

在 0~15s 的过程中瓦斯已经运移到高浓度区内的上 1/3 的空间范围。

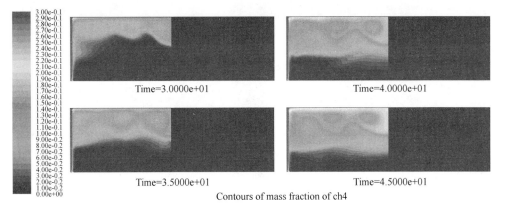

图 5-4　30~45s 高浓度区瓦斯运移

在 30~45s 过程中高浓度区瓦斯在涌出速度、浮力以及风门限制作用下，由上至下地充满高浓度区。

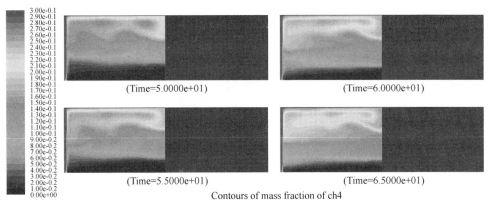

图 5-5　50~65s 高浓度区瓦斯运移

在 65s 时间内，高浓度区内的瓦斯从零增加到 30% 左右，而且区间内的顶底板处上下瓦斯浓度相差不大。瓦斯继续涌出，在胶带口处会有瓦斯随着氮气一起泄漏至缓冲区。在掘进作业过程中，通过控制区间的差压，尽可能减少瓦斯向后方区域的泄漏。

5.3.2　压力失衡瞬间气体流动规律

由于气体受到重力等多方面因素影响，会在胶带口两侧出现气体压力不相等的情况，在压力失衡后产生气体流动。由于瓦斯密度小，将会沿胶带口截面上半部分由高浓度区向缓冲区运移，而氮气密度相对较大，沿着胶带口截面的下半部由缓冲区向高浓度区流动。初始流动过程如图 5-6、图 5-7 所示。

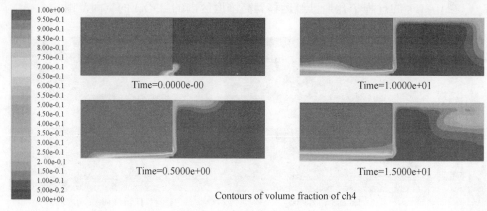

图 5-6　胶带口压力不等时 0~15s 的气体流动

由图 5-6 可知，0~15s 的初始流动过程中，瓦斯进入后部区域，占据上部空间，挤压该区内下部氮气向前方区域流动，形成了图示的胶带口处的双向对流。

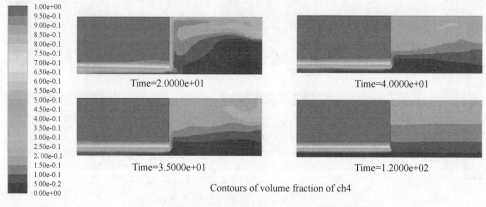

图 5-7　胶带口压力不等时 20~120s 的气体流动

由图 5-7 可知，在胶带口两侧压差作用下，发生对流后，瓦斯在浮力作用下向缓冲区内的顶板处运移，到达顶板后沿顶板继续向后方运移，与第二道风门发生碰撞后反向，向第一道风门流动。瓦斯在两道风门之间来回运移的同时逐渐向下部空间蔓延。在瓦斯运移的同时，不断地挤压下方氮气向高浓度区运移。由于氮气密度大，所以沿着底板运移，对高浓度区内的瓦斯扰动小，扰动范围在巷道中下部区域，在下部区域积聚，同时挤压瓦斯向顶板上部区间运移。

在相互流动作用下，当胶带口处的浓度均衡后，逐渐达到稳定状态。此时胶带口截面两侧均为氮气和瓦斯的混合气体，氮气比重大，瓦斯比重小。流动停止后，各自域内的氮气和瓦斯之间存在浓度差，运移方式以扩散为主。

5.3.3 氮气与瓦斯自由扩散规律

当两相邻区域气体压力相等时，瓦斯和氮气的浓度并不一定相等，当存在浓度差时，瓦斯和氮气会在浓度梯度作用下发生扩散，如图 5-8 所示。

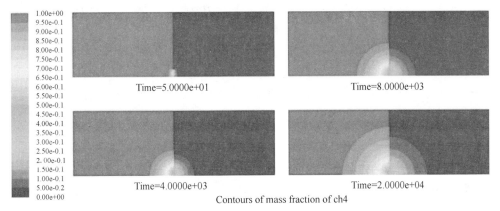

图 5-8 氮气与瓦斯的自由扩散

瓦斯与氮气在浓度梯度下的自由扩散相对较慢，在 50s 时间内，相互扩散极其微弱；经过 4000s 后，能看到两者有明显的相互扩散；直至 20000s 时，扩散范围不到 2m。

5.4 瓦斯运移规律的多因素耦合研究

5.4.1 涌出量对瓦斯运移规律的影响研究

5.4.1.1 涌出量对各区域内瓦斯浓度的影响

在无风掘进巷各区域内，流场要素（压力、浓度等）的影响因素较多，主要包括壁面瓦斯涌出量、抽采量、阻隔区氮气幕参数等，由于众多影响因素对瓦斯输运的影响较为复杂，因此，采用改变单一变量的方法进行研究。

无风掘进巷各区域内流场是由无数个相互连续的质点构成的，为此设置了一系列监测点，通过研究监测点浓度的变化规律来反映流场的规律。监测点主要是观测瓦斯和氮气的浓度以及胶带口位置的气体流动方向，布置在胶带口、缓冲区、氮气幕阻隔区和效果检测区，用于观测氮气幕阻隔区和效果检测区内的瓦斯和氮气浓度。缓冲区是高浓度区和气幕阻隔区的过渡段，始终是氮气和瓦斯的混合体，而且氮气和瓦斯的浓度处于波动状态，所以在此区域内各测点的浓度不断变化，变化范围介于高浓度瓦斯区与阻隔区之间。

根据瓦斯密度相对较小、瓦斯主要分布在巷道顶板附近的特点，将测点布置在贴近顶板位置，高度为 3m。在不考虑风门四周缝隙的前提下，第 1、2、3 道胶带口处分别对应高浓度区与缓冲区间的通道、缓冲区与阻隔区间的通道及阻隔区与效果检测区之间的通道。观测3个胶带口处气流方向及浓度，可得到各区域间气体的相互流动规律。

沿着工作面推进方向，在高浓度区内布置4个测点，缓冲区内布置2个测点，阻隔区内布置3个测点，效果监测区布置2个测点，第二道风门胶带口处及抽采管内各设置了一个测点，具体测点设置见表5-1。对于每个区域内的多个测点，按照最大化原则，取每个记录时刻的最大值来反映该区域内的瓦斯浓度。

表 5-1 特征监测点布设

区域	x/m	z/m	y/m
高浓度瓦斯抽采区	1	3	5、10、15、20
缓冲区	1	3	27、29
阻隔区	1	3	34、37、40
效果检测区	1	3	43、45
第一胶带口	1	0.5	31
第二胶带口	0.5	0.5	31

现场中由于煤体赋存条件复杂多变，煤体非均质，煤体内的孔隙大小不同，瓦斯的吸附状态不同，瓦斯压力略有差异，因此瓦斯涌出量在单位时间内也有不同，所以首先对影响瓦斯运移规律的源-瓦斯的涌出量展开研究。研究在涌出量发生变化时，缓冲区、氮气幕阻隔区和效果监测区瓦斯浓度的变化，以及各区域内气体压力、速度的变化。涌出量取 $3m^3/min$、$6m^3/min$、$9m^3/min$、$12m^3/min$ 以及 $15m^3/min$。瓦斯涌出量取值是依据以下两个原则：

(1) 现有《煤矿安全规程》规定高瓦斯矿井掘进面涌出量大于 $3m^3/min$，本书针对的是高瓦斯矿井不是突出矿井进行的研究，故最小值取 $3m^3/min$。

(2) 掘进断面为 $5m \times 4m$，根据新型掘进机初步掘进设计，每天的进尺为 $20m$，每个班掘进落煤量为体积与密度的乘积，煤的密度取 $1.2t/m^3$，则每个班的落煤为 $480t$，按照高限瓦斯含量取值，吨煤瓦斯含量为 $40m^3/t$，则共计含有 $19200m^3$ 的瓦斯。在掘进扰动过程中，游离态瓦斯全部释放。在吸附解吸平衡作用下，部分吸附态瓦斯也释放。根据现有的研究结果，并按最大值原则吸附、游离释放共计为瓦斯总含量的 37.5%（煤体内瓦斯解吸呈衰减方式，在初始时段解吸量最大，而且衰减速度相对较快）。根据落煤在高浓度区的停留时间，结合瓦斯在掘进空间环境压力，可概略得出涌出的瓦斯总量为 $7200m^3$。按"三八制"作业循环方式，则在掘进面每分钟的涌出量为 $15m^3/min$。将此值作为最大值，瓦斯涌出量在 $3\sim15m^3/min$ 之间四等分，即可得上述的五种涌出量值。

模拟过程中，固定抽采管口速度，改变瓦斯涌出速度，结果如图5-9~图5-

11 所示。

由图 5-9 可知，在横向比较时，在初始条件为瓦斯涌出量等于抽采量的情况下，经过 100s 时，五种不同涌出量条件下各个区域内瓦斯的浓度分布均呈现了由高浓度区到效果监测区逐级递减的趋势。瓦斯最大浓度为 100%，出现在高浓度区内顶板附近的空间；最小浓度近乎为零，出现在后部的效果监测区。

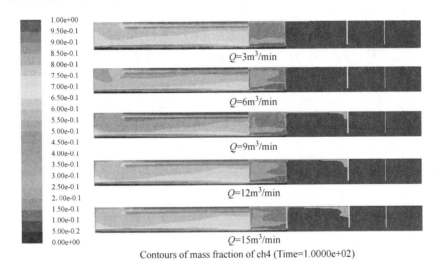

图 5-9　100s 时涌出量对瓦斯运移的影响

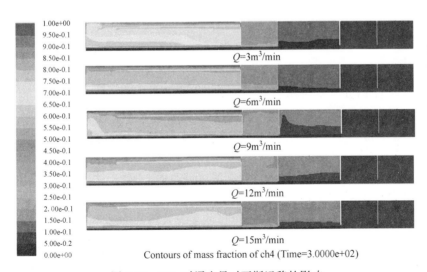

图 5-10　300s 时涌出量对瓦斯运移的影响

在纵向比较时发现，随着涌出量的增加，瓦斯在相同时间内所到达的范围越大，在所覆盖区域内的瓦斯浓度越高。当瓦斯涌出量为 3m³/min 时，经过 100s 运移时间后，在缓冲区内瓦斯浓度约为 30%，在阻隔区及后部区域内的瓦斯浓度基本为零；而当瓦斯涌出量为 15m³/min 时，在缓冲区内瓦斯浓度约为 45%，阻隔区内的上部空间有少量的瓦斯积聚，瓦斯浓度为 1% 左右。说明瓦斯涌出量越大，瓦斯运移得越快，运移的距离越远。

由图 5-10 可知，随着时间的延长，在运移 300s 后，五种涌出量条件下的瓦斯运移的范围均比 100s 时增大。涌出量为 3m³/min 时，在阻隔区内瓦斯浓度从 0 增加到 15%，而且覆盖了 3/4 左右的上部阻隔区空间；涌出量为 15m³/min 时，阻隔区内基本充满了瓦斯且浓度达到 20% 左右。其他涌出量对各区域内瓦斯的影响与上述的两种涌出量相同，且均是随着涌出量的增加，后方区域内瓦斯浓度不断增加。

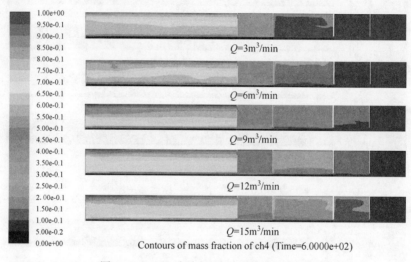

图 5-11　600s 时涌出量对瓦斯运移的影响

由图 5-11 可知，在 600s 时，瓦斯涌出量对各区域间的瓦斯浓度影响更为明显。在 3m³/min 涌出量时，瓦斯主要积聚在阻隔区内，效果监测区瓦斯浓度基本为 0；而在 15m³/min 的涌出量时，瓦斯已经达到所有区域范围，效果监测区瓦斯浓度已达到 10% 左右。

瓦斯涌出量不同时各区域内的瓦斯浓度分布如上所述。对于每个区域内瓦斯浓度随时间的变化，如图 5-12~图 5-14 所示。

图 5-12 为缓冲区瓦斯浓度随涌出量的变化规律。在缓冲区内，瓦斯浓度在初期的 120s 时间内，增长迅速，在 120s 内浓度由 0 增加到 40%；五种涌出量情况下，瓦斯浓度在 120s 时基本都在 40%，瓦斯涌出量的影响较小；在 120~600s 的时间内，瓦斯浓度随涌出量的增大，而呈现缓慢增大趋势。

缓冲区内瓦斯浓度在 0~120s 的时间段为瓦斯泄露上升段。在上升过程中，由于瓦斯密度小，在通过胶带口时，从胶带口截面的上半部分向缓冲区泄漏。在通过胶带口后，进入到后方缓冲区内，缓冲区内初始状态时充满氮气，瓦斯受到

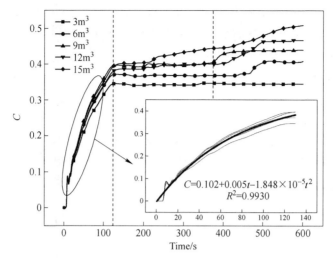

图 5-12　涌出量对缓冲区瓦斯浓度的影响

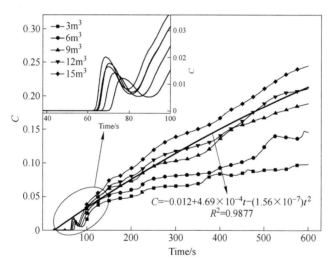

图 5-13　涌出量对阻隔区内瓦斯浓度的影响

氮气浮力的影响,垂直方向上加速度较大,流动速度较快,水平方向运移速度小。两者差值较大,涌出量的差值影响不足以抵消浮力的影响,因此在上升阶段浮力的影响大于浓度梯度作用下的扩散影响,所以涌出量的不同对上升段的影响不明显。

120~600s 的时间内,瓦斯已经到顶板附近的上部空间,受顶板限制,不再继续在垂直方向上运移,浮力的影响已经不在,作用减弱,瓦斯在顶板附近不断地积聚,浓度梯度及涌出速度逐渐变为主导作用,所以此后瓦斯浓度随着涌出量的增大而不断增大。

图 5-13 所示为阻隔区内瓦斯浓度随涌出量的变化。在 0~100s 的时间内, 瓦斯浓度基本为 0, 说明没有瓦斯泄漏至阻隔区; 在 100s 时积聚在缓冲区内的瓦斯, 在下方胶带口处浓度增大到 30% 左右, 瓦斯绕过胶带口开始向阻隔区泄漏, 阻隔区瓦斯浓度开始上升。由于泄漏的初始浓度小于高浓度区向缓冲区泄漏的值, 因此瓦斯浓度与缓冲区瓦斯浓度相比上升得比较缓慢。在上升过程中, 涌出量大时瓦斯浓度高, $3m^3/min$ 与 $15m^3/min$ 在 600s 时浓度差达到 15%。

图 5-14 所示为效果检测区的瓦斯浓度曲线变化规律与阻隔区内的基本一致。但是由于泄漏量逐渐减少, 以及风门的阻隔作用, 整体瓦斯浓度低于阻隔区, 600s 时达到的最大浓度为 10%。

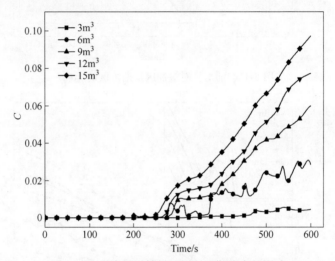

图 5-14　涌出量对效果监测区瓦斯浓度的影响

如图 5-15 所示, 在五种不同涌出量的条件下, 在计算 600s 后各个区域内气体压力不同, 同种涌出量条件下各区域内的压力也不同。但是都呈现前方高浓度区向后方区域逐级递减的趋势, 均为巷道上部空间大于下部空间位置。在涌出量为 $3m^3/min$ 时, 高浓度瓦斯区内巷道顶板附近的相对全压最大, 达到 5.53Pa; 从上至下压力逐渐降低, 底板附近为 -8.74Pa, 后方缓冲区内的相对压力小于高浓度区内的相对压力, 最大值为负值。

在阻隔区和效果检测区及后部区域内的各个空间区域内的压力分布与前方两个区域间的相对压力分布不同, 底部位置压力大于顶板附近的压力。这是由于前方区域内上部空间有泄漏的瓦斯, 形成了相对高压区, 而 600s 的时间内, 瓦斯尚未大量运移至后方区域中, 所以后方区域是大量氮气的环境, 只有少量瓦斯在上部空间, 而且是处在运移尚未稳定的阶段, 属于氮气和瓦斯的混合气体。因此, 后方区域的中下部空间的气体压力大于上部空间。

随着涌出量的增加, 各区域内的相对压力都呈现了增加的趋势, 特别是相对

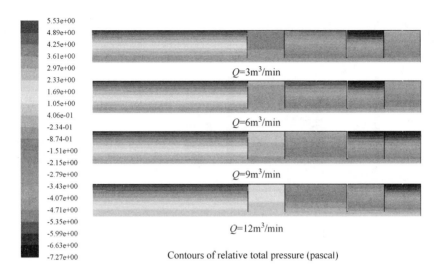

图 5-15 涌出量对各区域内气体压力的影响

压力低的区域，增加明显。

5.4.1.2 涌出量对胶带口处瓦斯气流大小及方向的影响

当第一道胶带口处存在压差时，气体发生流动，在重力作用下，产生了双向气流。胶带口截面的上半部分为流向缓冲区的瓦斯气流，下半部分为流向高浓度区的氮气气流。第二、三道胶带口处的瓦斯与氮气气流方向和第一道风门处的气流方向相似。

由图 5-16~图 5-20 可知，当抽采量不变，保持在 3m³/min 时，涌出量不断增

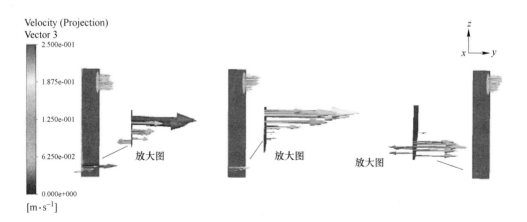

图 5-16 涌出量为 3m³/min 时胶带口处速度矢量图

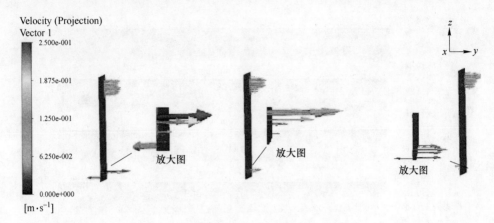

图 5-17　涌出量为 6m³/min 时胶带口处速度矢量图

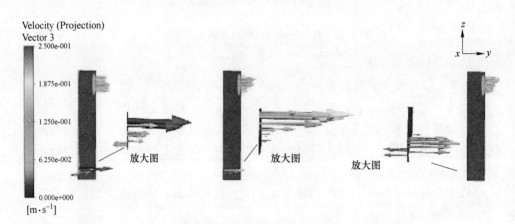

图 5-18　涌出量为 9m³/min 时胶带口处速度矢量图

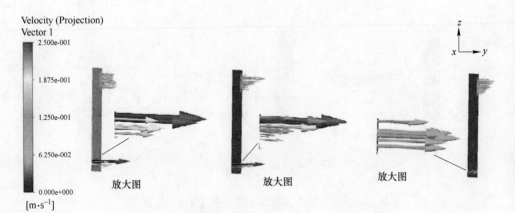

图 5-19　涌出量为 12m³/min 时胶带口处速度矢量图

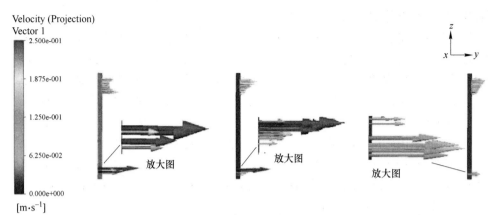

图 5-20 涌出量为 15m³/min 时胶带口处速度矢量图

大。计算 600s 后，随着涌出量的增大，3 个胶带口处气流速度及大小不断发生变化。当涌出量为抽采量的四倍时，三个胶带口处的气流变为全部向后部区域运移的单向流动。

当涌出量和抽采量均为 3m³/min 时，在第一、三道风门处的胶带口存在有双向气流。但是气流的速度均较小，在第三道胶带口处速度仅为 0.06m/s。在这种情况下，胶带口截面形成双向气流，主要是由于在胶带口两侧混合气体的压差不同造成的。由于瓦斯和氮气密度不同，在重力作用下，氮气和瓦斯在胶带口处的压力不同，在压差作用下形成了双向流动。

当涌出量增大到 6m³/min 时，第一、三道胶带口处的由后部区域向前方区域运移的气流速度比涌出量为 3m³/min 时减小，第三胶带口处向后部区域运移的气流速度逐渐增大。

当涌出量增大到 9m³/min 时，第一道胶带口处速度向前运移速度减小。

在涌出量为四倍抽采量时，胶带口处的气流由双向变成单向，且方向由高浓度区指向后部区域，说明当瓦斯涌出量增大到一定程度后，抵消了向前方流动的气流。

涌出量继续增大后，胶带口处的速度继续增大，泄漏量逐渐增多。通过研究涌出量不断增大过程中，各区域内瓦斯浓度的变化规律以及胶带口处气流的方向，更利于掌握掘进过程中瓦斯涌出异常增大时各区域内的瓦斯浓度变化情况，可以有针对性地调节抽采量、阻隔区及应急正压区内的氮气幕。

5.4.2 抽采量对瓦斯运移规律的影响研究

根据各区域内瓦斯浓度的变化，有针对性地调节抽采量，是实现对瓦斯有效控制的重要手段，抽采量的大小直接影响到高浓度瓦斯的气体含量及压力大小，而压力变化将会导致各区域间的气体流动方向的改变。因此，研究抽采量对各区域内瓦斯运移规律的影响十分必要。

增大抽采量,将改变瓦斯运移方向,阻止瓦斯通过胶带口向后方运移。倘若抽采量过大,将会导致高浓度区氮气大量进入抽采管,高浓度区气体压力降低,打破了高浓度区内的氮气与后方缓冲区内的气体压力平衡,产生气体流动,氮气由缓冲区向高浓区运移,进而造成连锁反应,后方区域氮气依次逐渐向前方区域运移。因此,抽采量并非越大越好。为了探究合理的抽采量,同样进行了抽采量为1~5倍涌出量的五组实验,研究不同抽采量下各区间测点参数的变化。

模拟过程中,仍然采用固定其他变量,单一改变抽采量的方法,模拟抽采量取为 $3m^3/min$、$6m^3/min$、$9m^3/min$、$12m^3/min$、$15m^3/min$,计算100s、300s以及600s后,结果如图5-21~图5-23所示。

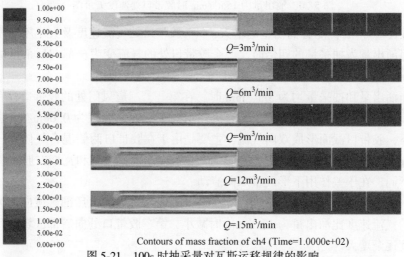

图 5-21　100s 时抽采量对瓦斯运移规律的影响

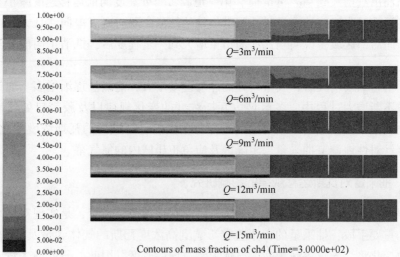

图 5-22　300s 时抽采量对瓦斯运移规律的影响

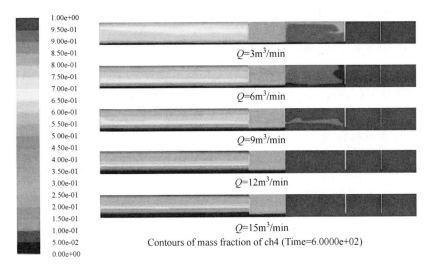

图 5-23 600s 时抽采量对瓦斯运移规律的影响

由图 5-21 可知，在抽采 100s 后五种抽采量条件下，瓦斯运移的范围不同，而且各区域内的瓦斯浓度略有不同。抽采量为 3m³/min 条件下，瓦斯运移范围可达到阻隔区，在高浓度区瓦斯浓度可达到 70% 左右，在缓冲区内瓦斯浓度达到 30% 左右；随着抽采量的增加，瓦斯向后方运移的范围减小。当抽采量为 9m³/min 及更大抽采条件下，瓦斯运移范围仅限于缓冲区，而且高浓度区巷道上部空间瓦斯浓度逐渐增大，最大值达到 93%，缓冲区内瓦斯浓度为 25% 左右。

由图 5-22 可知，当计算 300s 后五种抽采量条件下，瓦斯运移的范围不同，而且各区域内的瓦斯浓度出现显著差异。抽采量为 3m³/min 条件下，瓦斯运移最远范围达到了效果检测区。在高浓区的瓦斯浓度为 70% 左右，缓冲区浓度为 30% 左右，并且已经较大程度上充满阻隔区，阻隔区内的瓦斯浓度达到了 10% 以上。与 100s 相比而言，随着抽采量的增大，瓦斯运移的范围越来越小，高浓度区上部的瓦斯浓度越来越高，阻隔区内及后部的区域内瓦斯浓度越来越低。在抽采量为 3m³/min、6m³/min 条件下，阻隔区内瓦斯浓度分布范围在 100s 的计算基础上继续增大，发现这两种抽采条件下没能有效的阻隔瓦斯继续向后方运移。

由图 5-23 可知，在计算 600s 后五种抽采量条件下，瓦斯运移的范围及所波及的各区域内的瓦斯浓度出现显著差异。抽采量为 3m³/min 条件下，瓦斯运移至氮气区但是浓度较低，在高浓度区瓦斯浓度与 300s 时相比略有降低，而缓冲区浓度基本没有变化；在阻隔区内变化较大，已经完全充满了阻隔区，并且浓度也达到了 17% 左右。抽采量为 12m³/min 及 15m³/min 条件下，从 0~600s 的时间内，瓦斯仅仅是在高浓区和缓冲区内出现，在后方区域内无瓦斯，说明抽采量为 4 倍涌出量时可以彻底阻隔瓦斯向后方区域运移。此时高浓区的氮气量逐渐增加，较多地积聚在底板区域，浓度由下至上逐渐降低。

由图 5-24 中可知，五种抽采量条件下，缓冲区瓦斯浓度的变化趋势基本一致。在初始的 110s 时间内，瓦斯浓度由 0 增长至峰值，并且抽采量越大峰值越低。在抽采量为 3m³/min 时峰值为 45% 而抽采量为 15m³/min 时，峰值浓度为 32%，在这段时间内瓦斯已经充满缓冲区上部空间并基本上达到稳定。在此后 110~600s 的时间内，瓦斯浓度维持在峰值浓度基本不变，抽采时间及抽采量对瓦斯浓度基本没有影响。

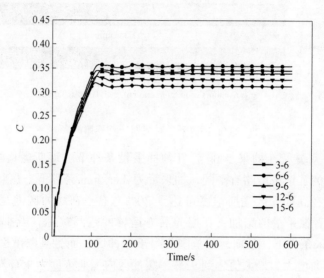

图 5-24　抽采量对阻隔区瓦斯浓度的影响

当抽采量大于涌出量时，高浓度瓦斯抽采区的气体量减少。理想气体条件下，高浓度区内气体压力降低，后方区域内的氮气向前方流动。但是由于氮气密度大，而且气体流动的通道——胶带口位于巷道底部，所以氮气从后部区域流经缓冲区时，仅仅是在巷道底部流动，而瓦斯则主要积聚在胶带口以上的空间。因此，氮气从后方向高浓度区流动时，不会对缓冲区内胶带口以上的瓦斯形成扰动，所以该区内上部空间瓦斯浓度基本不变。

由图 5-25 可知，在阻隔区内瓦斯浓度随抽采量的变化较为复杂。在 0~120s 时间内，五种抽采量对该区内瓦斯浓度影响相同，瓦斯浓度均随着时间的延长逐渐增大，但增大的幅值相近且较小，在 4% 左右。在 120~600s 的时间内，五种抽采量对瓦斯的影响差异较大。当抽采量为 3m³/min 时，随着时间的延长，瓦斯浓度在波动中持续增大；当抽采量为 6m³/min 时，瓦斯浓度小幅持续增长至 300s 后，基本不再增长；当抽采量为 9m³/min 时，瓦斯浓度增长缓慢，在 500s 时出现明显下降，由 6% 降至 4%，而后持续降低；而当抽采量为 12m³/min 与 15m³/min 时，变化趋势基本一致，在 120~500s 时间内没有涨幅，只是维持在 4%；而在400s时出现了明显下降,浓度降至1%以下。

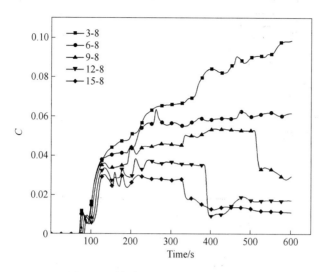

图 5-25 抽采量对缓冲区瓦斯浓度影响

该区在600s时间内瓦斯运移尚不稳定,在两道风门之间的往复运移,同时与氮气形成混合气体,空间内各测点的浓度变化幅度较大。瓦斯与氮气相互混合的过程中,当抽采量较低时,前方区域与后方区域内的气体压力基本相等,压差较小或者不存在压差,阻隔区气体向前方流动的趋势不明显。而随着抽采量的增大,高浓度区内气体减少的量逐渐增多,气体压力相对于后部区域为低压区,因此在阻隔区内有部分混合气体通过胶带口向前方区域运移,造成阻隔区域内瓦斯浓度在抽采量增大时呈现减少的趋势。

由图 5-26 可知,在效果检测区内,由于距离迎头瓦斯涌出壁面距离较远,在 0~300s 的时间内五种抽采量条件下,均没有瓦斯运移至该区域,在 310s 左右时,抽采量为 3m³/min 条件下,瓦斯运移至该区域,并随着时间的延长而不断波动式增大,在 550s 时达到最大值 5.8%。而在其他抽采量条件下,0~550s 的时间内没有瓦斯运移至该区域。说明随着抽采量的增大,效果监测区内的瓦斯浓度降低。

由图 5-27 可知,五种不同抽采量条件下,在计算 600s 后,各区域内瓦斯的相对压力不同,高浓度区内顶板附近为相对压力最大的位置,此处的相对压力随着抽采量的增加而不断的减小,由 3m³/min 时的 4.86Pa 减小为 15m³/min 时的 2.96Pa。而在缓冲区内,相对压力小于高浓度区压力但是大于后部阻隔区及效果监测区的压力。同样,该区内的瓦斯有随着抽采量的增加而呈现不断减小的趋势,而且该区域也是正压到负压变化的区域。其余后方区域内的相对压力变化规律与高浓度区和缓冲区两个区域基本相同。

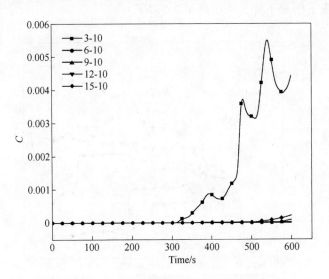

图 5-26　抽采量对效果监测区瓦斯浓度影响

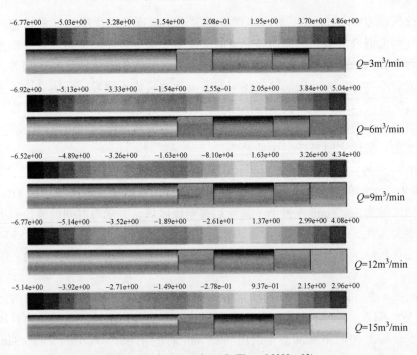

Contours of relative total pressure (pascal) (Time=6.0000e+02)

图 5-27　抽采量对各区域内气体压力的影响

由于抽采量不断增加，前方区域内的气体含量逐渐减少，根据理想气体状态方程可知,区域内的压力不断减小,与后方区域内的气体压差逐渐增大,在压差作用下,气体由后方不断涌向前方,在流动作用下各区域内的气体压力不断变化。经过600s计算后,缓冲区及阻隔区内的瓦斯在巷道上部空间的积聚比较稳定,氮气流动过程对其扰动小,压力变化小,此阶段会在浓度梯度作用下进行扩散运移。

胶带口处气流的速度大小及方向可反映瓦斯泄漏的多少,图5-28~图5-31显示出当涌出量为3m³/min,抽采量为1~5倍涌出量时,胶带口处气流的速度大小及方向。

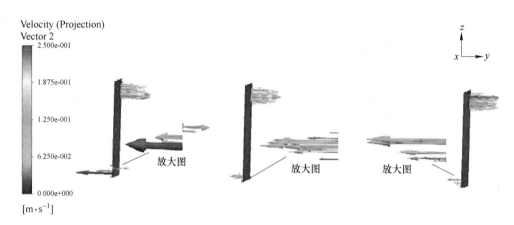

图 5-28 抽采量为 6m³/min 时胶带口处速度矢量图

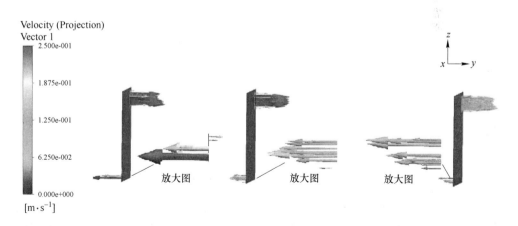

图 5-29 抽采量为 9m³/min 时胶带口处速度矢量图

当抽出量等于涌出量在三个胶带口处气流方向是双向的,既有后方区域向前的运动,又有前方向后方区域的运动,向后方的流动的速度略大于向前方的气流速度。随着抽采量的增大,胶带处气体向后运移的速度逐渐减弱,向前运移的速度增大。当抽出量达到 2 倍涌出量时，胶带口 2 和胶带口 3 的气流全部反向，只有胶带口 1 的气流少量向后方流动。

　　当抽采量为 4 倍涌出量时，胶带口处速度矢量如图 5-30 所示。三个胶带口均没有向后方运移的气流。继续增大到 5 倍涌出量时（图 5-31），三个胶带口的流速方向均为由后方区域流向前方区域，且流动的速度增大，流动的最小速度为 0.19m/s。

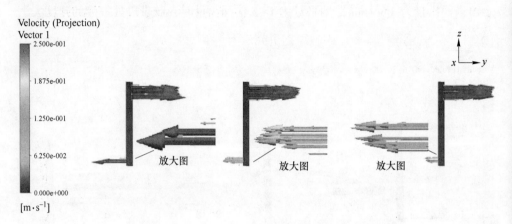

图 5-30　抽采量为 12m^3/min 时胶带口处速度矢量图

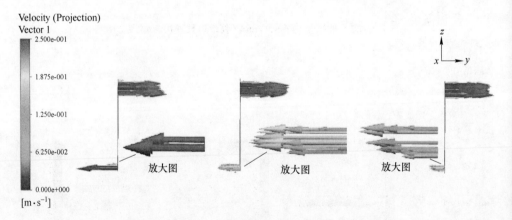

图 5-31　抽采量为 15m^3/min 时胶带口处速度矢量图

　　在抽采量等于涌出量时，由于高浓度区内为氮气和瓦斯混合气体，因此抽入管中的气体不全为瓦斯，在气体差压和浓度扩散作用下，有少量的瓦斯向后方泄漏运移，因此在胶带口处会有向后方区域内流动的微弱气流。随着抽采量的增大，各区域内流场发生了变化，高浓度区内的最初压力相对较大。抽采量增大后，瓦斯向抽采管内运移的速度增大，瓦斯被抽入管中的量增多，剩余瓦斯减少，高浓度区压力减小，后方区域内气体压力不变，则后方区域气体压力大于前方，两区域间产生压差，进而形成后方气体向前方运移，后方区域内下方的氮气流向前方区域后，上部空间的压力大于下部空间，因此积聚在上部的瓦斯向下部流动，也逐渐向前方区域流动，所以瓦斯浓度呈现降低趋势。当抽采量继续增大至 4 倍涌出量时，没有瓦斯向后方运移。抽采量超过这一临界值后，后方区域内的氮气向前方运移的速度增大，根据流量相等可知，抽采量为 4 倍涌出量时，即便瓦斯全部进入抽采管内，也将会有 3 倍瓦斯涌出量的氮气进入抽采管内。因此，抽采量不宜过高，否则会消耗过多氮气，并加重抽采负担。

5.4.3 氮气幕阻隔瓦斯运移规律的研究

在现场实际掘进巷中，由于迎头前方煤体并非完全均质，各向孔隙结构不同，所以瓦斯赋存状态也有差异，造成瓦斯并非按照恒定的速度涌出，而是处在时刻变化波动状态，所以难免会出现初始设置的抽采量不能有效抽采瓦斯，导致高浓度瓦斯抽采区内的瓦斯通过胶带口向缓冲区和阻隔区泄漏。而对于泄漏的这部分瓦斯，需要通过监测预警及时开启氮气幕进行阻隔。开启氮气后，同时调节抽采泵的抽采负压，增大抽采量，将过量的氮气抽入管中。实现在氮气幕阻隔-抽采联动作用下对瓦斯的有效控制。为了研究氮气幕阻隔瓦斯的效果及参数，进行了不同氮气幕出口速度的模拟研究。

模拟过程中，初始条件为涌出量与抽采量相等，均为 $3m^3/min$。在第一道胶带口处监测到瓦斯出现时，立即启动氮气幕，并加大抽采量，使得抽采量等于氮气幕阻隔量与瓦斯涌出量之和。为研究阻隔效果，进行单纯涌出、涌出与抽采、抽采与氮气幕联动三种方式的瓦斯浓度比较。同时，为了研究氮气幕出口速度对瓦斯的阻隔效果，进行了出口速度为 0.8m/s、1.2m/s、1.5m/s 的三组模拟。模拟中监测-氮气幕-抽采的联动命令见附录 B。当氮气幕出口速度变化时，改变联动命令中所赋的值，再次读入命令，即可进行氮气幕出口速度不同时的气幕阻隔效果研究。

选取开启氮气幕的阻隔结果与只开启抽采时的阻隔结果，进行对比：

由图 5-32 可知，当涌出量与抽采量同为 $3m^3/min$ 时，在计算 600s 后，在缓冲区内瓦斯浓度相对稳定，达到 35% 左右，在阻隔区内巷道上部空间的瓦斯浓度达到 8% 左右；

而当抽采量为 2 倍涌出量时，缓冲区瓦斯浓度与涌出量、抽采量同为 $3m^3/min$ 时相比，空间浓度分布不均匀，下部空间的浓度有所降低，在阻隔区内的瓦斯浓度运移尚未稳定，空间内瓦斯浓度差异明显，平均浓度低于 10%，高浓度区内的瓦斯浓度比涌出量与抽采量相等时的浓度高 10% 左右；

当涌出量与抽采量与前两种情况相同并且开启氮气幕的情况下，缓冲区内瓦斯浓度降低为 20% 左右，阻隔区内的仅有瓦斯开始泄漏，高浓度区内的瓦斯浓度与抽采量为 2 倍涌出量时的情况基本相同。

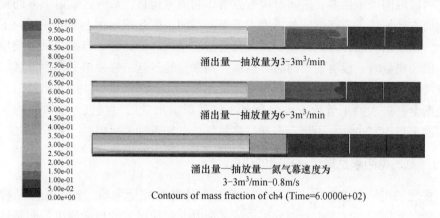

图 5-32 瓦斯控制效果对比

比较以上三种情况发现，相对单纯风门硬阻挡及增大抽采的情况，在抽采和氮气幕联动作用下，对于瓦斯阻隔效果最好。在同样计算 600s 的时间内，抽采量较小的情况下，瓦斯所运移的范围最小，阻隔区及后部效果检测区内基本没有瓦斯，将瓦斯较好地控制在缓冲区及高浓度区内。

在抽采过程中，为了降低缓冲区内的瓦斯，可以在其顶板附近加入氮气幕进行扰动，打破瓦斯积聚在顶板附近的稳定状态，形成氮气和瓦斯的混合流动气流。在抽采作用下，瓦斯随着混气向前方高浓区运移，缓冲区内的瓦斯浓度也随之降低，进而使向后部区域泄漏的瓦斯量减少。

经过模拟比对发现，阻隔的时机对于阻隔的效果影响较大，氮气幕开启的最佳时机是在前方区域内胶带口位置监测到瓦斯的时刻，否则待瓦斯在每个区域内瓦斯运移稳定后，不采取扰动措施的情况下，单靠增加抽采量是不能有效地降低瓦斯浓度的。因为瓦斯积聚在顶板附近，增大抽采后，多余的部分由氮气补充，氮气仅仅是从底板附件的胶带口流出，不会对上方的瓦斯产生干扰，如图 5-33 所示。

当缓冲区瓦斯浓度稳定后，抽采量增加至 10 倍涌出量的情况下，缓冲区内瓦斯浓度仅仅比 2 倍抽采量时降低了 5% 左右，而高浓区内的氮气浓度范围增加为原来的 2 倍左右，浓度增加了 40% 左右。因此，单纯增加抽采量对瓦斯浓度的影响不明显。

由图 5-33 可知，当涌出量相同，抽采量为涌出量与氮气量之和的情况下，随着氮气幕出口速度的增大，对瓦斯的阻隔效果越好。当氮气幕出口速度为 0.8m/s 时，600s 时间内瓦斯运移至阻隔区内，并扩散至中部区域的顶板位置，浓度最大值为 10% 左右，而缓冲区的最高浓度可达 50%；当氮气幕出口速度为 1.2m/s 时，瓦斯运移至第二道胶带口，阻隔区内有微弱瓦斯出现，浓度较小，

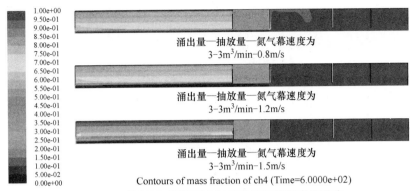

图 5-33　不同氮气幕阻隔速度对瓦斯运移规律的影响

有上升趋势；当氮气幕出口速度为 1.5m/s 时，阻隔区及其后部区域内没有瓦斯
出现，同时前方高浓区上部空间瓦斯浓度增加明显，下部空间浓度明显降低。这
是由于随着氮气幕速度增大，抽采量也在随之增加，并且在 1.5m/s 时，抽采量
增加得较大，所以氮气大量的进入高浓区，积聚在下部空间，同时挤压瓦斯向上
部空间积聚。

随着氮气幕出口速度的增大，阻隔效果越来越好。但是在实现阻隔目标后，
氮气幕出口速度并非越大越好。若氮气幕注入量过大，会造成浪费，而且加重了
抽采负担。因此，需要根据阻隔时机选择合理的氮气幕速度。

随着氮气幕出口速度的增大，缓冲区瓦斯浓度有所降低，但降低的幅度较
小。图 5-34~图 5-36 为氮气幕不同出口速度对多区域瓦斯浓度的影响。当氮气幕
出口速度为 0.8m/s 以及 1.2m/s 时对缓冲区的瓦斯浓度影响较小，两者基本相
同。当氮气幕出口速度为 0.8m/s 时，瓦斯浓度降低了 5%。

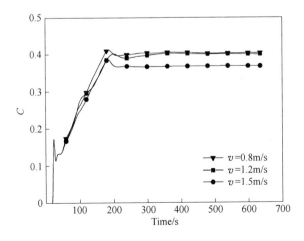

图 5-34　氮气幕速度对缓冲区瓦斯影响

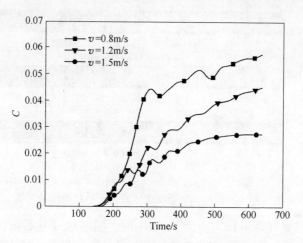

图 5-35　氮气幕速度对阻隔区瓦斯影响

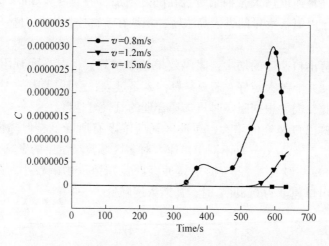

图 5-36　不同氮气幕出口速度效果检测区瓦斯浓度变化

　　缓冲区内受氮气幕作用明显，随着氮气幕速度的增大，浓度降低明显。由 0.8m/s 时的 6% 降低到了 1.5m/s 时的 2%。

　　经过 700s 的时间，效果检测区内的瓦斯浓度降低明显，最大值为氮气幕出口速度为 0.8m/s 时的 0.003%，基本实现了对瓦斯的完全阻隔。

5.4.4　风门开启过程中瓦斯流场的变化规律

　　在正常生产过程中，人员行走和物料的供给均需要穿行风门，此时风门需要开启。在开门过程中，原有稳定流场平衡被瞬间打破，各区域间瓦斯会形成相互流动。因此，需要研究在风门开启过程中，瓦斯在相邻各区域内相互流动的规律。开门时，第一道风门处，由高浓度区向缓冲区泄漏的瓦斯量值最大，选择这部分瓦斯作为氮气幕出口速度的阻隔对象。

当风门开启时，若高浓度区瓦斯运移到风门开启影响的边界范围以内或者已经布满了整个高浓度区，则在开门过程中会有瓦斯流向缓冲区，造成氮气阻隔区的瓦斯浓度升高，需要开启氮气幕进行阻隔。

在 GAMBIT 中建立迎头壁面到缓冲区的这一段巷道，在边界条件设置时，将第一道风门设置为旋转门，旋转中心为风门的旋转轴的下部点的坐标。导入 mesh 文件后，在 fluent 中进行动网格设置：

在 fluent 中设置动网格。在 Dynamic mesh 面板中，选择 profile，读入 profile 文件：

((Door 6 point)
(time10. 0 12. 5 15. 0 20. 0 22. 5 25. 0)
(omega_ z 0. 0 0. 628 0. 0 0. 0 　−0. 628 0. 0)
)

文本含义为：在风门开关过程设置了 6 个时刻，每个时刻对应一个角速度。当矿车到达风门前方，与风门距离略大于巷道宽度时，开启风门，门推开过程历时 5s。门完全打开后，人员推矿车通过风门的速度为 1m/s，历时 5s，即风门开启状态停留 5s，风门关闭与开启时间也为 5s。因此整个开、停、关的过程共计 15s。时间及角速度设置原理如图 5-37 所示。

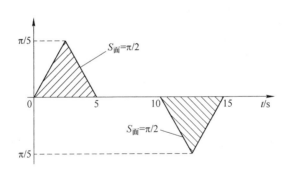

图 5-37　旋转速度设置原理图

开门过程中，门转过的角度为 $\pi/2$，即三角形的面积，初始时刻的角速度为 0，风门停止时刻的角速度也为 0，所以速度为先增大后减小的对称方式，速度为线性增大/减小方式，由几何面积 S 与时间 t 可以算得角速度 ω 的最大值为 $\pi/5$，停留过车时的 5s 内速度为 0。关门与开门的过程相同，速度大小及变化过程相同，但是方向相反。

当胶带口 1 瓦斯浓度达到 10%时，开启风门，观测这个一过程中几个测点浓度变化。按照最大浓度计量，取风门启动前测点的最小浓度与风门关闭后的测点最大浓度，两者差值即为在风门开闭过程中的瓦斯浓度变化值。这一浓度变化值与体积的乘积即为瓦斯体积。根据风门开闭过程中的瓦斯变化量，结合氮气幕卷吸射流理论，确定气幕的出口速度，阻隔开门过程中的瓦斯。

如图 5-38、图 5-39 所示，$z=2m$ 剖面的五个不同时刻，显示了风门开启过程中的瓦斯在高浓度区和缓冲区的流动情况。风门向高浓度区一侧旋转，随着缓冲区体积增大，压力减小，高浓度区风门后部的体积减小，压力升高。在气体差压作用下，瓦斯开始绕过风门旋转侧边缘，进入到缓冲区。随着风门的开启，瓦斯进入缓冲区的速度也越来越大，风门附近瓦斯浓度逐渐升高。风门全部开启后，瓦斯将大量进入缓冲区。开门过程中，缓冲区瓦斯浓度变化的测点设置为：

$$x=0.5m \quad z=3.5m \quad y=28.5m$$
$$x=4.5m \quad z=0.5m \quad y=26.5m、30.5m$$
$$x=2.5m \quad z=2m \quad y=33m、30.5m$$

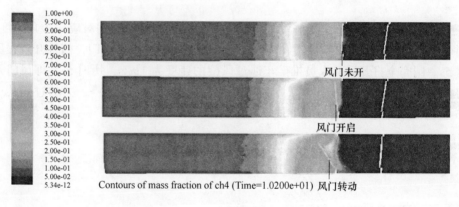

图 5-38　风门开启过程气体运移图

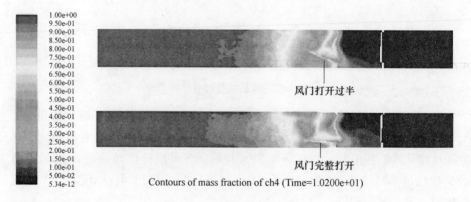

图 5-39　风门开启气体运移

缓冲区的范围 y 方向为 $25 \sim 31m$。在缓冲区内四个顶点及中心点处设置五个测点，按照五个测点在开门过程中浓度变化最大化原则来计算阻隔区空间内在开门过程中瓦斯浓度的变化。模拟结果如图 5-40 所示，左下角 zx 测点浓度的变化最大，并且可以达到五个测点的最大值 0.62，视为开启过程中整个缓冲区的浓度变化为 zx 测点的变化量，即由 0.02 至 0.62。因此，假设在整个开门过程中瓦斯由高浓度区向缓冲区内运移的瓦斯量为 $V \times c = 4 \times 5 \times 6 \times 0.6 = 72m^3$，则瓦斯运移速度为 $v = V/(tS) = 0.24m/s$。

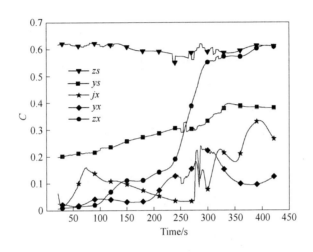

图 5-40 风门开关过程中缓冲区内瓦斯浓度变化

同样按照最大化处理，假设在开启第二道风门时，开启第一道风门过程中，从高浓度区进入缓冲区的这部分瓦斯全部进入到阻隔区，即有 $72m^3$ 的瓦斯在 $15s$ 内按照 $0.24m/s$ 的速度穿过风门。

因此，在掘进巷内开启风门时，需要预先启动氮气幕，阻隔 $72m^3$ 的瓦斯进入缓冲区，驱替风门前方瓦斯的氮气量至少要大于 $72m^3$。根据式 $(R \times L_{Rmax} \times H)$，角速度取的平均值 $\pi/15$，角加速度 $0.11rad/s^2$，然后 k 取 1.8，计算得出扰动距离约为 $5m$，可得出氮气幕量为 $116m^3$。即在风门以 $1m/s$ 速度开启时，驱替距离风门前方约 $6m$ 范围内的空气，可以保证风门开启过程中所扰动范围内全部为氮气。

5.5 氧气阻隔数值分析

绕道巷内的氧气阻隔模型如图 5-41 所示。绕道巷氧气阻隔与瓦斯不同之处在于：没有瓦斯不断涌出、泄漏通道胶带口固定、没有抽采的影响，相对于瓦斯的控制较为简单。两者相近之处在于风门开启过程中，对气体的阻隔。

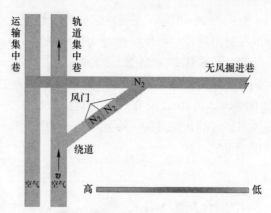

图 5-41　绕道巷阻隔氧气时气体浓度分布示意图

5.5.1　风门开启过程氧气阻隔

风门开启过程中对氧气的阻隔与瓦斯基本相同。当风门开启时，若风门旋转速度与掘进巷内相同均为 1m/s，则在开启过程中，由集中巷进入绕道巷的气体同样为 72m^3，但是由于绕道巷内的气体为空气，氧气浓度为 20.9%，所以氧气的量为 15.05m^3。为了达到彻底阻隔氧气的目的，同样开启风门前方的氮气幕，驱替大于等于 116m^3 的空气。通过氮气驱替 2 倍风门旋转范围内的空气，可以实现风门开启过程中对氧气的阻隔。

5.5.2　风门关闭状态氧气阻隔

风门关闭时，倘若完全密闭没有任何缝隙，则不会在相邻区域间发生气体流动。此种情况不需要考虑阻隔氧气。

当风门四周有微弱缝隙时，需要对氧气进行阻隔研究。边界条件为集中巷与大气相连通风速为 3m/s，其相对气体全压 p_0 为大气压力 101325Pa，风门缝隙为 0.005m。

在正压氮气区以 0.05m/s 的速度注入氮气，保证气体压力 $p_2 > p_1 > p_0$。其中 p_2、p_1、p_0 分别为氮气正压区（红色区域）、缓冲区（绿色区域）、集中巷 p_0（蓝色区域）的气体压力。

图 5-42~图 5-44（见封底）分别为 1s、200s、400s 时三个区域内的气体相对全压。三区域相对全压随着时间的变化不大，但由于氮气幕的作用，压力始终是正压氮气区 > 缓冲区 > 集中巷–绕道区。

由于氮气正压区内有持续的阻隔气幕流，因此，三个区域内的流场处于动态波动中，如图 5-43、图 5-44 中显示出区域内压力并非大小完全一致，出现了不稳定状态。

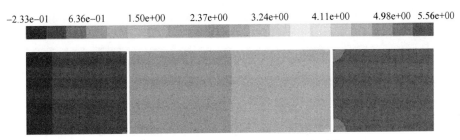

Contours of total pressure (pascal) (Time=1.0000e+00)

图 5-42　1s 时绕道处三区域内气体压力分布图

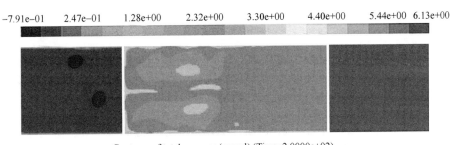

Contours of total pressure (pascal) (Time=2.0000e+02)

图 5-43　200s 时绕道处三区域内气体压力分布图

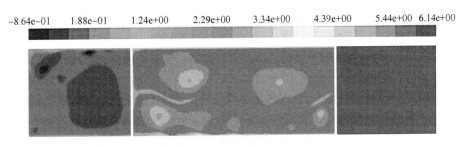

Contours of total pressure (pascal) (Time=4.0000e+02)

图 5-44　400s 时绕道处三区域内气体压力分布图

对应三个时刻的压力，同时分析了三个时刻的空气浓度分布。

如图 5-45 所示，在初始的 1s 时，由于正压氮气区及缓冲区均为氮气环境，因此此时空气浓度基本为 0。而集中巷-绕道区与空气联通，此时浓度较大，基本为 100%。

如图 5-46 所示，经 200s 后，正压氮气区与缓冲区内的空气仍然为 0，而对应于压力云图，在微弱压差作用下，形成了由正压氮气区指向集中巷的单向气体流动，少量的氮气通过缝隙进入到缓冲区，而氧气不会从集中巷流入缓冲区。

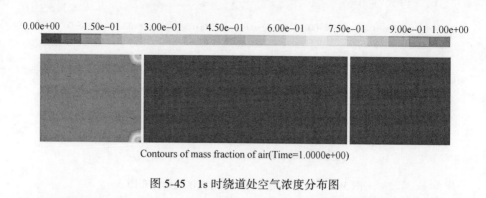

Contours of mass fraction of air(Time=1.0000e+00)

图 5-45　1s 时绕道处空气浓度分布图

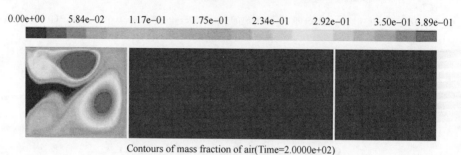

Contours of mass fraction of air(Time=2.0000e+02)

图 5-46　200s 时绕道处空气浓度分布图

如图 5-47 所示，经 400s 后，正压氮气区与缓冲区内的空气仍然为 0。而对应于压力云图，在微弱压差作用下，形成了由正压氮气区指向集中巷的单向气体流动，少量的氮气通过缝隙进入到缓冲区，而氧气不会从集中巷流入缓冲区。

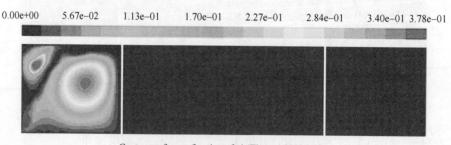

Contours of mass fraction of air(Time=4.0000e+02)

图 5-47　400s 时绕道处空气浓度分布图

选取各区域内的中心位置的相对全压与空气浓度进行分析，由图 5-48、图 5-49 可知，正压氮气区与缓冲区压力大于集中巷-绕道区，而空气浓度始终小于集中巷-绕道区。说明通过正压法，可以实现对空气的阻隔。图 5-48 中 2 号、3 号曲线出现波动是由氮气流由正压区进入缓冲区扰动造成的。

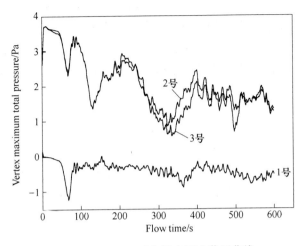

图 5-48 400s 时各测点压力监测曲线

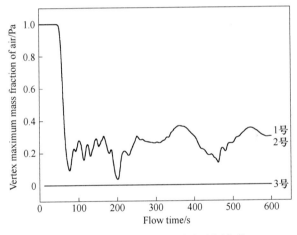

图 5-49 400s 时各测点浓度监测曲线

5.6 本章小结

针对现场实际情况, 利用 FLUENT 进行了数值模拟。得出了以下结论:

(1) 得出了掘进巷迎头高瓦斯涌出时, 测点浓度与时间呈二次递增函数关系; 随涌出量的增大不断增大, 也呈二次递增关系, 拟合曲线为 $C = (-1.84 \times 10^{-5})t^2 + 0.005t + 0.102$。当瓦斯涌出量较小时, 在胶带口处气流方向为双向的; 当涌出量增大为 3~4 倍抽采量时, 风门处的气流均为由高浓度区指向效果检测区的单向运动。

(2) 抽采时机对瓦斯的抽采效果影响较大, 最佳时机是瓦斯在各区域内的运移尚未稳定的阶段。在胶带口处监测到瓦斯时，便开启氮气幕，同时将抽采量增大为涌出量与气幕量之和，如此可以较好地控制瓦斯向后方区域的运移。待瓦斯运移稳定后，在没有氮气幕扰动下，抽采仅仅是影响高浓度区后方底板附近的瓦斯浓度，对后方区域中上部较大范围的瓦斯影响较小。当抽采量为 2~3 倍涌出量时，风门处的气流均为由效果检测区指向高浓度区的单向运动。

（3）通过与单独抽采对比，得出氮气幕与抽采联动阻隔瓦斯的效果比单纯开启抽采时更好，阻隔区瓦斯浓度可以降低 20%。验证了由卷吸射流原理所确定的氮气幕阻隔速度值，可以实现对瓦斯的有效阻隔。

（4）通过模拟在风门开启过程中气体的相互流动过程，得到了由高浓度区流向缓冲区泄漏的瓦斯量。针对这一泄漏量，得出了在风门开启前，用氮气幕驱替风门转动范围 2 倍区域中的空气，可以实现风门开启过程中对氧气的阻隔。

6 结论及展望

6.1 主要结论

本书基于无风掘进模型，通过在掘进巷控制瓦斯，在绕道巷阻隔氧气，实现了瓦斯和氧气在不同区域内的稳态分布。经理论推导、相似模拟、数值分析及仿真实验得到了以下结论：

（1）构建了无风掘进系统模型。无风掘进巷通过绕道与轨道集中巷相连，实现辅助运输，通过溜煤眼与运输集中巷相连，实现煤炭运输；采用正压式空气呼吸器配合压风管路及加压装置，保障人员正常呼吸；通过构建制冷系统或者穿戴降温背心营造舒适作业环境；利用灵敏探测器实现瓦斯与氧气浓度的动态监测；通过风门-抽采-氮气幕联动阻隔方法，使瓦斯与氧气在各区域内稳态分布，保证两者不共存于同一空间，达到安全高效掘进的目的。

（2）推导出了一个掘进循环内的瓦斯涌出总量计算式。这一总量是瓦斯涌出初速度、衰减系数、煤块截面积、放散时间、工作面推进速度、巷道断面尺寸等因素的函数。

（3）建立了无风掘进巷瓦斯输运动力学模型 $Q_{泄} = Q_{流} + Q_{扩} + Q_{散} + Q_{引} + Q_{空}$。推导了无风掘进模型中在瓦斯涌出速度、抽采、浮力及黏性阻力等因素影响下的气体流动控制方程；得出了无风掘进巷内，以胶带口及缝隙所泄漏瓦斯为扩散源的瓦斯浓度时空分布规律；分析了胶带运转对瓦斯的引流规律、煤块运输过程中的瓦斯解吸规律、胶带运转过程中煤块空隙间的瓦斯逸散规律。并根据瓦斯输运模型，推导出了有效阻隔瓦斯的氮气幕出口速度与胶带口处瓦斯浓度的关系。

（4）建立了绕道巷内氧气的控制模型。风门开启时，采用三道氮气幕联动方法，控制集中巷内的氧气不进入绕道巷；风门关闭时，通过各区域间气体压差作用，保证只存在由正压氮气区向集中巷的单向流动，使氧气不流入绕道巷。

（5）搭建了无风掘进相似模拟实验台，验证了通过风门硬阻挡-抽采动态调压-氮气幕软阻隔三者联动控制瓦斯和氧气的效果。实验结果达到了效果检测区瓦斯浓度及正压氮气区氧气浓度均小于1%的要求。通过相似模拟分析了涌出量、抽采量及氮气幕出口速度对瓦斯运移规律的影响。得出了在瓦斯涌出过程中，瓦斯浓度与时间成二次函数关系，拟合曲线为 $C = -5.7 \times 10^{-6} t^2 + 0.04t + 10.3$；与涌出量成二次函数关系，拟合曲线为 $C = 0.29Q^2 + 0.625Q + 30.9$；在抽采作用下瓦斯浓度随时间成负指数式衰减，拟合曲线为 $C = 1005 \times e^{(-t/1003)} - 7.68$。

（6）通过数值分析方法，验证了瓦斯和氧气阻隔装置及控制方法的有效性，满足了瓦斯及氧气浓度在各区域内均小于既定阈值的要求。得出了胶带口处气体压力失衡瞬间相邻区域气体的流动规律和瓦斯、氮气自由扩散的规律，明确了开启氮气幕的最佳时机为胶带口检测到瓦斯的时刻，揭示了胶带口处气体速度随涌出量、抽采量以及氮气幕阻隔速度的变化规律。

6.2　展望

（1）现有条件下，还不能完全进行现场实验。替代气体实验与瓦斯的涌出规律不同。可待无风掘进技术及相关配套设备成熟时，再进行现场实验，检验无风掘进技术。

（2）需要完善氮气幕射流角度、氮气幕的宽度等参数的研究。

（3）实验中对工作面的动态推进做了忽略，瓦斯涌出量值比实际的结果略大。现场中还需根据监测结果及时调节抽采及氮气幕的相关参数。

（4）无风掘进巷内新型掘进机尺寸形状尚未确定，高浓度区内设备及物流对流场的影响还需进一步确定。

附　　录

附录 A　相似模拟涌出量为 3L/min 时的动态监测部分数据表

t	1 号	2 号	3 号	4 号	5 号
0	0	0	0	0	0
60	27.5	3.1	0	0	0
120	51.7	8.4	2.5	0	0
180	69.8	11.4	6.4	3.7	2.9
240	72.6	11.9	7.6	4.2	3.3
300	86.9	19.1	12.9	10	7.8
360	88.1	20	15	11.2	8.6
420	94.1	23.3	18.3	14.4	10.6
480	95.1	23.5	19.3	14.9	10.8
540	97.1	24.7	20.6	15.6	12.6
600	97.9	25.5	21.2	16.8	13.8
660	98.4	28.5	22.5	18	15
720	98.4	30.5	24.7	19	16.2
780	98.5	31.7	26.7	20.4	17.4
840	98.5	33.1	28.1	21.8	18.6
900	98.6	34.3	29	23.2	19.8
960	98.6	35.5	30	24.6	21
1020	98.7	36.7	31	26	22.2
1080	98.7	37.9	32	27.3	23.4
1140	98.9	39.1	33	28.5	24.5
1200	96.8	40.3	34	29.7	25.5
1260	92.6	41.5	35	30.9	26.5
1320	89.4	42.7	36	32.1	27.5
1380	87.4	43.8	37	33.3	28.5
1440	85.7	44.2	38	34.5	29.5
1500	84.9	44.6	39.6	35.7	30.5
1560	81.9	45	41.7	36.9	31.5
1620	78.9	45.4	42.4	38.1	32.5
1680	75.9	45.8	42.6	39.3	33.5
1740	72.9	46.1	43.1	40.5	34.5

t	1 号	2 号	3 号	4 号	5 号
1800	69.9	47.5	45.4	41.5	35.4
1860	66.9	48.1	45.6	42.3	36.2
1920	65.2	48.7	45.9	43.1	37
1980	64.8	49.3	46.3	43.9	37.8
2040	63.8	50.3	47.3	44.7	38.6
2100	62.8	50.5	47.7	45.3	39.4
2160	61.7	51.3	49.2	45.7	40.2
2220	60.1	52.4	49.8	46.3	41
2280	57.2	52.5	50.4	46.9	41.8
2340	55.7	52.9	51.4	47.5	42.6
2400	54.9	53	51.6	48.1	43.4
2460	54.5	53	51.9	48.7	44
2520	53.7	53.1	52.3	49.3	44.4
2580	53.4	52.7	52.5	49.9	44.8
2640	53.3	52.2	52.3	49.8	45.2
2700	53.2	51.7	51.9	49.7	45.6
2760	52.9	51.5	51.4	49.5	46
2820	52.4	51.1	50.5	49.3	46.4
2880	52.4	50.6	50.1	48.9	46.8
2940	51.3	50	48.9	48.6	47.2
3000	50.8	48.1	49.4	48.2	47.2
3060	49.6	47.3	48.8	47.9	47
3120	47.6	46	48.2	47.7	46.8
3180	45.6	44.2	47.9	47.5	46.6
3240	45.2	42.4	47.1	47.3	46.4
3300	42.5	38.8	45.5	46.9	46
3360	39.1	35.6	43.9	46.6	45.7
3420	36.8	32.8	42.3	46.2	45.2
3480	35.2	30	40.8	45.4	44.8
3540	33.6	27.2	39.2	44.6	44.4
3600	30.1	24.4	37.1	43.4	44
3660	27.4	22.8	33.5	40.8	43.5
3720	25.8	21.2	31.5	38	42.7
3780	23.2	18.7	29.5	35.2	41.8

续附录 A

t	1 号	2 号	3 号	4 号	5 号
3840	22.2	17.5	27.5	32.6	39.4
3900	21	16.2	25.8	30.6	37
3960	19.8	14.6	24.2	28.1	34.6
4020	18.6	13.3	22.8	26.9	32.8
4080	17.4	12.1	21.7	25.7	31.2
4140	16.2	10.9	20.5	24.5	29.6
4200	15.3	10.1	19.3	23.3	28
4260	14.5	9.3	18.1	22.1	26.2
4320	13.7	8.5	17	20.9	25.4
4380	12.9	7.7	16.2	19.9	24.6
4440	12.1	6.9	15.43	19.1	23.8
4500	11.3	6.1	14.75	18.3	23
4560	10.5	5.3	14.07	17.5	22.3
4620	9.7	4.5	13.45	16.7	21.4
4680	8.9	3.7	12.85	15.9	20.6
4740	8.5	2.9	12.25	15.5	19.8
4800	8.1	2.1	11.7	15.1	19.4
4860	7.7	1.82	11.3	14.7	19.1
4920	7.3	1.54	10.9	14.3	18.9
4980	6.9	1.26	10.5	13.9	18.7

附录 B　氮气幕阻隔的调节命令

```
#include "udf. h"
real Conc;
DEFINE_ EXECUTE_ AT_ END（execute_ at_ end）
{
real x;
Thread ∗ thread;
Domain ∗ d;
cell_ t cell;
thread_ loop_ c（thread, d）
{
  begin_ c_ loop（cell, thread）
  {
      C_ CENTROID（x, cell, thread）;
```

```
    if (fabs (x-0.3) <1e-6&&fabs (x [1] -2.3) <1e-6&&fabs (x [2] -
6.2) <1e-6)
    {
            Conc=C_ YI (cell, thread, i);
            }
    }
    end_ c_ loop (cell, thread)
    }
    }
DEFINE_ PROFILE (inlet_ v1003, thread, index)
    {
face_ t face;
    begin_ f_ loop (face, thread)
    {
if (Conc<=0.001&&Conc>=0)
        {
            F_ PROFILE (face, thread, index) = 0.05;
            }
        end_ f_ loop (face, thread)
```

参 考 文 献

［1］周世宁，林柏泉，李增华．高瓦斯煤层开采的新思路及待研究的主要问题［J］．中国矿业大学学报，2001，30（2）：111－113.

［2］周世宁．创新思维在工程中的应用［J］．中国工程科学，2000，2（9）：1－4.

［3］周世宁，赵文华，张仁贵．煤与瓦斯卸压共采理论及在乌兰矿的应用［J］．西北煤炭，2006，4（1）：14－17.

［4］国家安全生产监督管理总局．国家安全生产监督管理总局政府网站事故查询系统［Z］．2000－2016.

［5］葛世荣，苏忠水，李昂，等．基于地理信息系统（GIS）的采煤机定位定姿技术研究［J］．煤炭学报，2015，40（11）：2503－2508.

［6］葛世荣，王忠宾，王世博．互联网＋采煤机智能化关键技术研究［J］．煤炭科学技术，2016，44（7）：1－19.

［7］葛世荣．智能化采煤装备的关键技术［J］．煤炭科学技术，2014，42（9）：7－11.

［8］济南航帆科技有限公司．供应正压式空气呼吸器［EB/OL］．［2016.10.20］．http：//china．nowec．com/supply/detail/23740437．html.

［9］大连宇俸．夏季降温马夹［EB/OL］．［2016.10.20］．http：//dalian．qd8．com．cn/fushi/xinxi1_1492413．html.

［10］尹强，张桂军，周阳．氮气发生器中氧含量的分析［J］．广东化工，2013，40（13）：185－186.

［11］高建良，侯三中．掘进工作面动态瓦斯压力分布及涌出规律［J］．煤炭学报，2007，32（11）：1127－1131.

［12］茹阿鹏，林柏泉，王婕．掘进工作面瓦斯流动场及涌出规律探讨［J］．中国矿业，2005，14（11）：60－62.

［13］李祥春，丁永明，聂百胜，等．掘进巷道停风后瓦斯涌出分布规律分析［J］．煤矿安全，2011，42（6）：125－127.

［14］温永言．寺河煤矿综掘工作面煤壁瓦斯涌出参数测试与分析［J］．煤矿安全，2012，43（5）：115－117.

［15］王志权，卢国斌．掘进工作面瓦斯涌出规律研究［J］．世界科技研究与发展，2010，32（6）：806－807.

［16］周圆圆，杨华伟，张东辉．甲烷/氮气变压吸附分离的实验与模拟［J］．天然气与化工，2011，36（5）：21－27.

［17］张香兰，周玮，张英，等．甲烷沉积法对甲烷/氮气分离炭分子筛性能的研究［J］．化学工业与工程，2011，28（5）：20－25.

［18］刘菲，苏运星，王仲民，等．菲克定律在氢扩散系数研究中的应用［J］．广西大学学报（自然科学版），2010，35（5）：841－846.

［19］韦善阳．瓦斯异常涌出气体运移规律及影响范围研究［D］．中国矿业大学，2013.

[20] 钮英建, 文华, 哈兰, 等. 爆炸性气体环境危险区域划分方法改善探讨 [J]. 中国安全生产科学技术, 2009, 5 (16): 110 – 111.

[21] 邓云峰, 李群, 盖文妹, 等. 对有毒气体泄漏场景模拟与区域疏散分析 [J]. 中国安全生产科学技术, 2014, 10 (6): 13 – 14.

[22] 张锴. 点源迭加求解扩散方程 [J]. 湖南文理学院学报, 2007, 19 (4): 45 – 46.

[23] 沈惠冲, 刁永发. 剪切射流在受限空间卷吸特性研究 [J]. 安全与环境学报, 2013, 13 (1): 63 – 66.

[24] 陈宏圻. 喷射技术理论及应用 [M]. 武汉: 武汉大学出版社, 2004.

[25] 谢振华, 宋存义. 工程流体力学 [M]. 3 版. 北京: 冶金工业出版社, 2007.

[26] 管伟明, 张东升, 李博. 循环风幕阻隔效果多因素正交实验研究 [J]. 煤矿安全, 2014, 45 (5): 5 – 7.

[27] 罗忠, 陈晓兵, 于清文, 等. 轴承-转子系统中滚动球轴承的动力学相似设计 [J]. 东北大学学报 (自然科学版), 2013, 34 (9): 1296 – 1299.

[28] 魏凯丰, 宋少英, 张作群. 天然气混合气体黏度和雷诺数计算研究 [J]. 计量学报, 2008, 29 (3): 248 – 250.

[29] Wang Pengfei, Feng Tao, Liu Ronghua. Numerical simulation of dust distribution at a fully mechanized face under the isolation effect of an air curtain [J]. Mining Science and Technology, 2011, 21: 65 – 66.

[30] J. C. Goncalves, J. J. Costa, A. R. Figueiredo, et al. CFD modelling of aerodynamic sealing by vertical and horizontal air curtains [J]. Energy and Buildings, 2012, 52: 153 – 155.

[31] 尹卫东, 廖开明. 空气幕技术在大压差大断面巷道通风中的应用 [J]. 矿业快报, 2001, 366 (12): 16 – 19.

[32] 张潇, 王延荣, 张小伟, 等. 基于多层动网格技术的流固耦合方法研究 [J]. 船舶工程, 2009, 31 (1): 64 – 66.